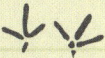

야생동물병원 24시

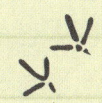

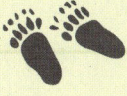

책공장더불어

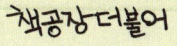

이 책은 환경과 나무 보호를 위해 재생지를 사용했습니다.
환경과 나무가 보호되어야 동물도 살 수 있습니다.

야생동물병원 24시

인간과
야생동물이
부대끼며 살아가는
슬프고도
아름다운 이야기

책공장더불어

| 추천사 |

연구실로 다급한 전화가 한 통 걸려왔다.
"교수님, 지금 진료실로 와주세요."
서둘러 진료실로 가니 척추골절로 뒷다리가 마비된 채 앞다리로 간신히 골절된 몸을 지탱하고 있는 고라니 한 마리가 있었다. 척추골절로 인해 신경손상을 입은 경우에는 수술 경과가 좋다고 해도 자연으로 돌아가 생존할 가능성이 없어서 인도적 차원에서 안락사를 결정한다. 그런데 고라니의 방사선사진을 보고 당황하고 말았다. 고라니 뱃속의 선명한 새끼들의 골격……. 초음파영상을 보니 조그만 심장이 뛰고 있었다. 힘차게 뛰고 있는 새끼 고라니의 심장 소리가 인간에게 무언의 항의를 하고 있는 것처럼 느껴졌다.
이처럼 야생동물구조관리센터_{이하 야생동물병원}는 야전병원이라고 할 만큼 응급처치를 요하는 야생동물 환자가 많다. 그러다 보니 야생동물의 치료 목적과 제한된 인력, 재원, 시설 등을 고려하여 하루에도 수십 번씩 안락사 등의 힘든 결정을 해야 한다. 이러한 선택의 기로에서는 숙련된 수의사도 무척 괴롭다. 그래서 학생들에게 너무 가혹한 모습을 보여 주는 것은 아닌지, 생명의 존엄성에 대한 혼란을 주는 것은 아닌지 늘 염려스러웠다. 또 야생동물병원에 학생들을 대상으로 한 인턴 과정을 개설

한 것이 잘한 일인지도 걱정스러웠다.

그런데 이런 고민은 시간이 지날수록 기우였음이 드러났다. 바쁜 학과 일정에도 학생들은 새벽 같이 나와서 새끼들에게 우유를 먹이고, 야생동물 치료를 잘 하고 싶다며 스터디 모임도 만들고, 부상당한 야생동물을 보면서 인간 중심적 사고에 대한 반성도 하고, 인간과 동물이 공존할 수 있는 환경에 대해 열띤 토론도 하는 학생들을 보면서 나의 우려가 무색해졌다.

인턴 과정을 수행하면서 수의학적 지식뿐만 아니라 자연과 생명의 경외심을 느끼며 한층 성숙해 가는 학생들을 보면서 뿌듯했다. 게다가 인턴 과정을 통해 얻은 소중한 경험을 더 많은 사람들과 공유하고자 바쁜 일정 속에서도 책을 쓰다니 큰 감동이다. 이 책은 야생동물 치료에 관한 교육에서 자칫 이론에 치우쳐 소홀하기 쉬운 실무 능력을 보완하는 데에 큰 도움이 되리라 기대한다. 또한 이 책을 통해 많은 사람들이 야생동물과 진실되고 특별한 만남을 갖기를 바란다.

이해범
(전북대학교 수의과대학 야생동물의학과 교수, 야생동물의학실 지도교수)

| 저자 서문 |

　야생동물병원에서 인턴 과정을 하면서 처음 만난 야생 조류는 수리부엉이였다. 태어나서 처음 본 그 새는 참 아름다웠다. 횃불같이 주황색을 띤 노란 눈동자와 날카롭게 구부러진 큰 발톱, 웅장한 깃의 패턴을 완성하는 신비로운 깃털의 조화.
　하지만 구조되어 야생동물병원으로 실려온 수리부엉이는 고통으로 몸부림치고 있었다. 달리는 차에 세게 부딪힌 녀석의 눈과 날개뼈는 처참하게 손상되어 있었고 피가 온통 깃털에 엉겨 붙어 있었다. 결국 병원에 온 지 몇 시간 지나지 않아 녀석은 죽고 말았다. 그때 본 수리부엉이의 죽음이 오랫동안 잊히지 않았다.
　반려동물의 죽음과 야생동물인 수리부엉이의 죽음은 달랐다. 보호자가 없다는 것은 그 죽음을 애도하고 오랫동안 기억해 줄 수 있는 이도 없다는 것을 뜻했다. 그리고 무엇보다 수리부엉이를 죽음으로 몰고 간 수많은 도로와 도로 위를 달리는 자동차가 있는 한 또 다른 수리부엉이가 죽어 나갈 것이라는 생각에 아찔했다.
　할 수만 있다면 이와 유사한 또 다른 죽음을 막고 싶었다. 야생동물들이 다치는 주요한 원인은 도로 건설, 밀렵, 낚시에 사용하는 납 봉돌, 하천 정비, 건물의 유리창 등 대부분 사람들이 만들어 낸 것이다. 그래서 구조된 야생동물 한 마리를 살리는 일만큼이나 더 이상의 죽음을 막는 방법을 찾는 것이 중요하다는 생각이 들었다.

도로를 건너가다가 교통사고로, 밀렵꾼들의 총에 맞거나 덫이나 올무에 걸려, 농약 묻은 볍씨를 먹고, 납 봉돌을 삼키고 죽어가기에는 우리가 만난 야생동물이 모두 아름답고 특별했다. 그래서 우리는 우리의 경험과 배움을 책으로 쓰기로 했다.

우리 곁에 늘 죽음만 있었던 것은 아니다. 다친 동물들이 건강을 회복하거나 눈도 못 뜨던 어린 동물이 건강하게 성장하여 다시 자연으로 돌아가는 일도 많았다. 야생동물의 치료 목적은 사람과 함께 사는 것이 아니라 다시 자신의 터전으로 돌아가는 것이기 때문에 이 순간은 가장 가슴 벅찬 순간이다.

그런데 동물들이 돌아갈 '자연'이 더 이상 없다면? 어렵게 건강을 회복해 자연으로 돌아갈 야생동물의 서식지를 지키는 일 역시 녀석들을 치료하는 일만큼이나 중요함을 알게 되었다.

사실 이 모든 생각은 야생동물병원에서 만난 동물들에게 한눈에 반한 것에서 시작되었다. 고라니의 까맣고 동그란 눈, 사람을 위협하는 삵의 서슬 퍼런 위엄, 파도치듯 날아가는 수리부엉이의 큰 날개, 풍성한 털을 흔들며 성큼성큼 뛰어가는 너구리의 뒷모습, 생명력 넘치는 매력덩어리 수달 등등. 일일이 나열하기 어려울 정도로 수많은 야생동물을 보고 알게 된다면 누구든 그들을 사랑하지 않을 수 없을 것이다. 그리고 건강하게 살아가기를 바랄 것이다.

사람들 때문에 서식지를 잃고 다치고 죽어간다면 그에 대한 미안함과 책임감을 가지고 그 죽음을 막을 방법을 생각하게 될 것이다. 우리가 야생동물병원에서 느낀 이 자연스러운 생각의 과정을 더 많은 사람과 나누고 싶었다.

항상 학생 입장에서 생각하고 이끌어 주시는 이해범 교수님께 깊은 감사를 드린다. 애정으로 조언해 주신 김은주 선생님, 전라북도 야생동물병원의 모든 선생님과 해부학실험실의 안동춘 교수님께 감사드린다. 원고를 쓰는 내내 더 멀리 볼 수 있도록 조언해 주신 충남야생동물구조센터 김영준 선생님께 깊이 감사드린다. 초고를 읽고 성심성의껏 조언해 주신 분, 흔쾌히 소중한 사진 자료를 쓰도록 허락해 주신 분, 멋진 삽화를 그려 주신 김혜경 님, 이 책에 대한 무한 믿음과 좋은 의견을 주셨던 김민혜정 님께도 감사드린다. 무엇보다 이 책을 쓸 계기를 마련해 준 전북대학교 교수학습개발센터에 깊이 감사드린다.

마지막으로 야생동물의 특별한 아름다움을 이 책을 통해 다른 분들께 조금이라도 전할 수 있기를 바란다.

전북대학교 수의과대학 야생동물의학실
허은주(대표 저자), 김담, 김대식, 김수진, 배인성, 신소영, 안주현,
안찬우, 유용, 이동진, 정진섭, 허종찬

| 차 례 |

추천사   4
저자 서문   6

새끼 너구리의 성장 일기   12
새끼 너구리들의 유모이자 선생님, 삼촌 너구리

로드킬로 죽어가는 동물들 : 어미 고라니의 비극   28
야생동물병원의 안락사 | 인간과 야생동물의 공존은 가능할까? 로드킬

납중독 응급 환자 큰고니   40
야생동물 방생의 기준은 무엇일까? | 생명를 죽이는 무서운 낚시도구, 납 봉돌

삵아, 미안해!   54
삵과 쥐의 기막힌 동거

어미도 잃고 다리도 잃은 전주천 수달   64
수달이 줄어드는 이유와 대책

총상으로 날개를 잃은 독수리   76
맹금류의 발톱 잠금 장치 | 야생동물 빈국 만드는 밀렵

인간의 친구가 된 야생동물 말똥가리   88
야생동물병원의 교육조 | 야생동물병원의 장기 투숙객

깃이식으로 새 삶을 얻은 수리부엉이 98
호흡마취 | 말똥가리 깃이식 방법 | 새의 깃 | 수리부엉이의 비행 훈련

아기 고라니, 로드킬로 엄마를 잃다 110
각인이란? | 새끼 야생동물을 발견했을 때 구조 요령

너의 정체를 밝혀라! 아기 박새 122
밀웜

도시로 내몰린 황조롱이 132
야생조류 충돌 방지법, 버드세이버

움직이는 바윗덩어리? 병에 걸린 너구리! 142
개선충이란? | 동물들의 서식지 파괴와 개선충

1년을 기다린 백로의 귀향 150
위기의 철새도래지, 한국

전북 야생동물병원 구조 현황 160
전국 야생동물병원 설치 및 운영 현황

그사이 건강하게 잘 커 준 새끼들을

보며 흐뭇했다. 이런 게 바로

엄마의 마음이구나 싶었다.

키울 때는 힘들지만 잘 커 준 것만으로도

감사한 그런 마음.

새끼 너구리의
성장 일기

새끼 너구리가 바글바글

 구조 현장에 나갔던 야생동물병원의 구조 담당 선생님 손에 들린 이동장을 열어 보니 새끼 너구리가 바글바글했다. 어쩌다가 새끼들만 구조된 것일까? 어미는 어디로 간 것일까?
 구조 담당 선생님은 어미가 보리밭에서 사고를 당해서 새끼들만 구조해 왔다고 했다. 보리 수확철인 5월과 6월에는 이렇게 보리밭에서 구조되어 오는 새끼 너구리들이 많다. 보리를 수확하는 농기계인 콤바인을 자신들을 위협하는 포식자로 인식한 어미가 콤바인을 공격하다가 목숨을 잃는 일이 잦기 때문이다. 자기들을 구하기 위해 사력을 다하다가 죽은 어미의 상황을 아는지 모르는지 보리밭 사이에 숨어 있던 새끼들이 구조되어 왔다.

"도대체 몇 마리야?"

정확하게 수를 셀 수 없을 만큼 바글바글한 새끼들. 이리저리 고개를 빼며 세어 보니 총 여덟 마리. 몇 마리는 눈을 떴지만 절반 정도인 네다섯 마리는 아직 눈도 뜨지 못한 상태. 게다가 낯선 환경에 놀랐는지 새끼 너구리들이 울어대기 시작했다. 아, 이를 어쩌나. 한 마리가 울기 시작하자 나머지 새끼들도 깨어 다 같이 울기 시작했다. 갑자기 병원 복도는 어미를 찾는 새끼 너구리들의 구슬픈 울음소리로 가득 찼다.

안쓰러운 마음에 당장 먹이를 주고 싶었지만 먼저 해야 할 일이 있다. 새끼들의 건강 상태를 파악하는 기초 검사가 이루어져야 하기 때문이다. 생사가 오가는 응급 상황이 아니라면 검사가 우선이다. 그래야 새끼들의 성장 정도에 맞춰 앞으로 이 새끼들을 어떻게 키울지 계획을 짤 수 있기 때문이다.

기초 검사는 체중, 체온, 외상 여부, 걷는 모습, 항문 주변을 살펴보는

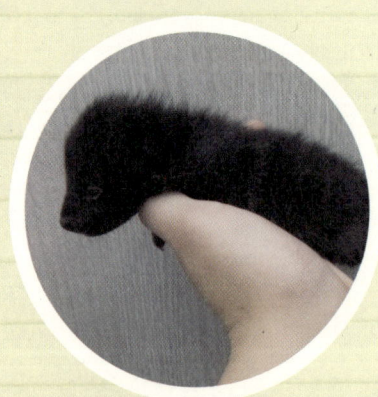

얼마나 작은지 손 안에
쏙 들어오는 새끼 너구리.

저체온증으로 기력이 없는 새끼 너구리들의 기력을
회복시키기 위해 산소를 공급하고 있다.

것 등이다. 먼저 체중을 재려고 새끼를 들어올렸다. 얼마나 작은지 손안에 쏙 들어왔다. 체중계에 올려 보니 대부분 300~400그램. 그런데 다른 새끼에 비해 움직임이 둔하고 털이 거친 두 마리가 눈에 띄었다.

"두 마리 체온 먼저 재 봐."

항문에 체온계를 넣어 체온을 재 보니 정상 체온인 39도보다 훨씬 낮은 34도였다. 너무 낮았다. 모든 생명체에게 정상 체온을 유지하는 일은 굉장히 중요하다. 체온이 떨어지면 면역력이 떨어져 외부 감염에 대한 저항력이 떨어지고, 심장박동도 느려질 수 있기 때문이다. 게다가 저체온증은 몸집이 작은 동물에게는 치명적이기 때문에 서둘러 온열 패드를 깔았다.

"드라이어 빨리, 빨리!"

갑자기 진료실에서 헤어드라이어를 찾는 이유는 드라이어의 더운 바람이 동물의 체온을 올리는 데 유용하기 때문이다. 두 녀석을 돌보는 사이 다른 한쪽에서는 새끼들의 보금자리를 마련하기 시작했다. 포유류 입원실의 일부를 새끼 너구리를 위한 공간으로 마련한 것이다. 새끼들에게 봄 날씨는 아직 쌀쌀하기 때문에 체온 유지를 위해 온열등을 설치하고 두툼한 담요를 푹신하게 깔면 보금자리 완성! 이곳에서 잘 지내다가 모두 건강하게 야생으로 돌아가기를 바라는 모두의 마음이 담긴 보금자리였다.

먹고 자고 싸고!

보금자리도 만들었으니 이제 가장 중요한 먹을거리를 준비해야 한다.

새끼가 병원에 들어오는 순간 한 무리의 병원 식구들이 바로 먹을거리를 준비하는 것은 거의 자동이다. 차가운 먹이는 너구리의 체온을 떨어뜨리거나 설사를 유발하므로 따뜻한 먹을거리가 필요하다. 강아지용 초유를 따뜻한 물에 개어 젖병에 담으면 완성! 세상에 어미젖만큼 영양가 높고 새끼들에게 좋은 것은 없지만 지금은 응급 상황이니 이게 최선이다.

두근두근!

긴장되는 순간이다. 새끼가 우유를 잘 먹어 줄까? 조심스럽게 젖병을 들어 새끼 너구리의 입에 댔다. 이 순간에는 '제발 먹어 줘!'라는 말이 저절로 입에서 흘러나온다. 하지만 사람들에게 둘러싸인 채 어미젖이 아닌 낯선 젖병을 물라고 하니 새끼가 쉽게 받아먹을 리가 없다. 두려움에 새끼는 발로 젖병을 밀어내고 울기만 한다. 그래 이게 당연한 반응이다. 엄마를 잃은 새끼가 낯선 곳에서 아무렇지 않은 듯 우유를 먹는 게 더 이상하지. 그렇게 사람들이 낙담하는 순간 한 녀석이 젖병을 힘차게 빨기 시작한다.

"어, 어, 얘 빤다, 빨아."

익숙하지 않은 젖병을 밀어내기만 하던 녀석이 입가에 조금 흘려준 우유를 맛본 모양이다. 어미랑 떨어져 분명 배가 많이 고팠을 테니 새끼는 본능적으로 젖병을 빨았다. 정말 다행이다.

하지만 새끼가 잘 먹는다고 너무 많은 양을 한꺼번에 주면 안 된다. 급하게 먹다가 우유가 기도로 들어가면 폐렴에 걸릴 수 있기 때문이다. 사람의 노력이 아니라 최대한 새끼 스스로 빨아서 먹도록 젖병의 각도와 양 조절을 잘 해야 한다. 그렇게 한 녀석이 힘차게 빨기 시작하자 다른 녀석들도 슬슬 젖병에 흥미를 보이기 시작했다. 좋은 징조였다.

그런데 많은 새끼 중에 한 녀석이 전혀 먹지 않았다. 젖병을 빨 힘조차 없는지 자꾸 젖병을 거부했다. 이를 어찌 하나. 이럴 때는 어쩔 수 없이 강제 급여를 해야 한다. 강제로 먹이는 것이 좋은 방법은 아니지만 일단 뭐라도 먹여야 하니까. 손으로 입을 살짝 벌려 젖병을 물리고 우유를 조금씩 흘려주었다. 우유를 스스로 삼켜야 비로소 살 가능성이 있다.

"이놈아, 좀 먹어. 그래야 살지."

이렇게라도 하지 않으면 새끼들은 살 가능성이 없다. 먹지 않으면 체중이 줄고 털의 윤기가 사라지고 거칠어지다가 무리에서 떨어져 조용히 죽기 때문이다. 다행히 거부하기만 하던 녀석이 조금씩 입을 오물거리기 시작해 가슴을 쓸어내렸다.

새끼들의 우유 먹이기는 24시간 계속된다. 태어난 지 2주가 되지 않은 새끼의 경우는 우유를 4시간에 한 번씩 줘야 하기 때문이다. 그래서 늦은 밤에도 젖병을 손에서 놓을 수 없다. 이럴 때면 잘 먹는 녀석들이 예쁘다. 금방 쭉쭉 빨아먹어 주면 금방 끝나는데 우유를 거부하는 녀석들

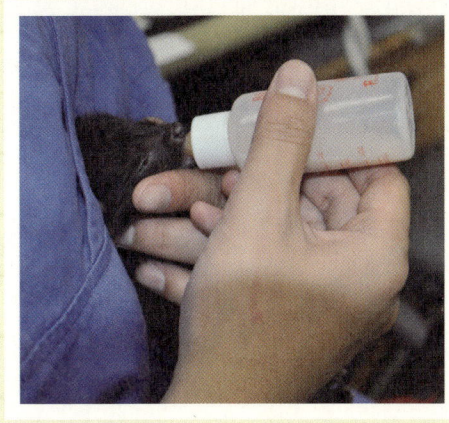

인공 포유를 하고 있는 새끼 너구리. 새끼 너구리는 이 순간부터 사람의 손에 키워진다.

과는 꽤 오랫동안 씨름을 해야 하기 때문이다.

너구리 새끼들이 많이 구조되는 봄에는 많게는 20~30마리를 한 마리씩 먹이다 보면 서너 시간이 훌쩍 지나간다. 그러다 보면 '우유 먹이기 끝!'이라는 말과 함께 처음부터 다시 우유를 줘야 하는 웃지 못할 상황이 벌어지기도 하고, 밤에 우유를 주기 시작했는데 창밖으로 해가 뜨기도 한다.

새끼 너구리들이 병원에 들어오면 하루 24시간이 어떻게 지나가는지 모른다. 우유도 줘야 하고, 잘 움직이는지 수시로 살펴봐야 하기 때문이다. 수업시간 사이에 병원으로 달려가서 먹이를 주고, 새벽이면 새끼들의 보금자리 옆 책상에 잠깐 엎드려 쪽잠을 자기도 한다. 그래서 이때는 병원이 아닌 학교나 집에 있어도 환청이 들린다. 새끼 너구리들이 밥 달라고 낑낑대는 소리가 귀에서 떠나질 않기 때문이다.

"젊은 의사 선생님, 배고파요. 밥 줘요, 밥."

"뭐하고 있다가 이제 오는 거야? 배고프다니까, 낑낑."

물론 새끼들을 배불리 먹였다고 일이 끝나는 것은 아니다. 먹었으면 싸야 하니까. 우유를 먹인 후에는 바로 배변과 배뇨를 유도해야 한다. 자연 상태에서는 어미가 새끼의 항문을 핥아 주며 생식기와 항문을 자극해 배뇨와 배변이 자연스럽게 일어나도록 돕지만 어미가 없는 상태에서는 사람이 그 역할을 대신해 주어야 한다. 부드러운 수건에 따뜻한 물을 묻혀서 항문을 살살 문지르면 되는데, 이때 강도를 잘 조절하지 않으면 피부가 약해 상처가 나므로 조심해야 한다.

"좋아? 아주 만족스런 표정인데."

보통 새끼 너구리들은 밥을 먹으면 바로 자연스럽게 배변반사가 일어난다. 그래서 우유를 주고 바로 항문을 문지르면 새끼들은 눈을 반쯤 감고 만족스런 표정을 지으며 가늘고 길며 부드러운 똥을 배출한다. 그때 새끼의 표정이 아주 재미있다. 흐뭇하고 만족스런 표정. 그 표정을 보는 우리도 같은 표정이 지어질 정도이다.

우유를 충분히 먹어서 불룩한 배, 배변을 잘 해서 만족한 표정. 이때가 바로 새끼들이 꿈나라로 갈 시간이다. 먹고 싸고 자는 것이 새끼들의 하루 일과니까. 똥을 싸자마자 손바닥 위에서 스르르 잠이 들어 버린 새끼 너구리가 깨지 않도록 조심조심 보금자리에 눕힌다.

'굿나잇, 엄마를 만나서 들판을 뛰노는 좋은 꿈꾸렴.'

제법 너구리 티가 나네

눈도 못 뜨고 몸을 잘 가누지도 못하던 새끼 너구리들은 병원에 온 지 두세 달이 지나면 제법 너구리 티가 난다. 대부분 몸무게가 2킬로그램이 훌쩍 넘고, 털도 꽤 자란다. 젖병을 밀어내며 속을 태우던 녀석들이 딱딱한 사료도 스스로 먹을 수 있게 된다. 우리의 수면 시간을 모두 강탈해 가던 녀석들이 커가는 게 자랑스러워지는 때이다.

물론 가슴 아픈 일도 많다. 모두 다 살아남는 것은 아니기 때문이다. 열심히 키웠지만 결국 계속 우유 먹는 게 시원찮던 녀석들이나 설사로 체중이 늘지 않던 녀석들은 결국 무지개다리를 건넜다. 동물이 죽음을 맞는 것을 '무지개다리를 건넌다'라고 표현한다. 태어난 후 어미젖을 며칠이라도 먹다

야외 포유류 계류장으로
옮긴 다음 더 활동적으로
움직이는 새끼 너구리들.

미꾸라지를 먹는 새끼 너구리.

가 구조된 녀석들은 비교적 건강하지만 태어나자마자 어미를 잃은 녀석들은 건강이 좋지 않다. 모유에 있는 면역 성분을 받지 못한 녀석들은 면역력이 떨어져서 폐렴이나 장염에 걸리기 쉽기 때문이다. 그런 녀석들이 한 번 아프기 시작하면 안타깝지만 회복하지 못하고 죽음을 맞게 된다. 전라북도 야생동물병원 2012년 통계에 따르면 새끼 너구리 40마리가 구조되었지만 19마리만 자연으로 방생_{현장에서는 방사라는 단어를 많이 쓰지만 사람에게 잡힌 동물을 놓아 주다라는 뜻의 방생이 맞지}되었다.

여름이 한창일 때 방생 준비를 위해 야외 포유류 계류장으로 보금자리를 옮기자 새끼 너구리들은 더 활동적으로 변했다. 장난기가 많아져 제법 넓은 계류장을 휘젓고 다니고 활동 반경도 점점 더 넓어졌다. 통나무, 바위, 수조 등 최대한 야생과 비슷하게 꾸며 놓은 계류장에서 새끼들은 서로 물고, 도망가고, 쫓고, 뒹굴면서 장난을 쳤다. 그렇게 펄쩍펄쩍 뛰노는 새끼들을 보면서 이제 슬슬 자연으로 돌아갈 때가 되었음을 직감한다. 계류장이 좁게 느껴지는 때가 바로 방생의 적기이다.

그런데 갓 태어난 새끼를 품에 안고 젖병을 물리고 대소변을 받아내며 자라는 모습을 봤기 때문에 헤어진다는 생각에 서운함이 밀려왔다. 하지만 너구리가 살 곳은 사람 곁이 아니고 자연이 아닌가. 기쁜 일인데 서운해하면 안 된다. 어서 마음을 돌려야 한다.

자연으로 돌아가기 전에 야생동물병원에서는 너구리들의 성공적인 독립을 위해 꼼꼼하게 점검을 한다. 자연으로 돌아가도 될 정도로 건강한지, 기생충 구충은 되었는지 확인하고, 광견병 등의 감염성 질병에 대한 백신도 접종한다. 그리고 가장 중요한 생존 능력을 확인한다. 아무리 건강해도 스스로 사냥할 능력이 없으면 자연에서 야생 너구리로 살아갈 수 없기 때문이다. 그래서 병원에서는 방생을 앞둔 녀석들에게 사냥 훈련을 시킨다. 어미가 살아 있다면 종일 어미를 따라다니면서 배웠을 먹잇감을 찾는 방법과 사냥 방법을 가르치는 것이다.

우리가 준비한 것은 커다란 수조와 미꾸라지. 사람들이 주는 밥을 받아먹는 것이 아니라 살아서 움직이는 먹이를 잡아먹는 훈련을 하기 위해서이다.

"저 녀석 눈 반짝거리는 것 좀 봐."

미꾸라지를 수조에 넣어주자 새끼들의 눈이 반짝거렸다. 왜냐하면 자연에 비하면 무료한 계류장 안에서 수조 속 미꾸라지는 녀석들에게 사냥 훈련이기도 하지만 재미있는 놀이이기 때문이다.

"땅속에도 묻어 보자."

너구리가 좋아하는 먹이를 50센티미터 정도 파고 땅에 묻었다. 너구리들은 야생에서 땅을 파고 먹이를 찾아서 먹거나, 구한 먹이를 땅에 묻어 숨겨두는 습성이 있어서 이런 방법은 야생성을 잃지 않도록 하는 좋은 훈련 방법이다. 한쪽에서는 한 무리의 새끼 너구리들이 수조 안에서 첨벙첨벙 물을 튀기며 미꾸라지를 잡고, 다른 한쪽에서는 땅바닥에 묻어 놓은 먹이를 찾느라 열심히 땅을 파는 너구리들.

우리는 한바탕 소란을 피우고 있는 새끼 너구리들을 보며 '엄마미소'를 지었다. 그사이 건강하게 잘 커 준 새끼들이 흐뭇했다. 이런 게 바로 엄마의 마음이구나 싶었다. 키울 때는 힘들지만 잘 커 준 것만으로도 감사한 그런 마음. 잠시도 가만히 있지 않는 장난꾸러기들을 보고 있자니 건강하고 눈부시게 성장해 줘서 고마웠다.

뒤돌아보지 말고 가라!

　처음에 병원에 왔을 때는 눈도 못 뜨고 꼬물거리던 녀석들이 점점 야생 너구리가 되어 갔다. 외부 자극에도 민첩하게 반응하고, 계류장에 풀어놓은 병아리 등의 살아 있는 먹잇감도 잘 잡았다. 여기저기 숨겨놓은 과일도 곧잘 찾았다. 너구리는 땅속의 곤충이나 작은 설치류 등을 찾아 먹는 동물인데, 이 정도면 먹이 활동은 합격이다.
　그리고 야생동물을 방생하기 전에 주의해야 할 점이 사람 손에서 우유를 먹고 자랐기 때문에 자칫 사람을 어미로 착각할 수 있기 때문에 그것을 없애야 한다. 사람을 경계하지 않을 경우 야생에서의 생활은 불가능하다. 그래서 새끼 너구리에게 사람에 대한 경계심을 심어 주는 훈련을 시킨다. 일단 새끼가 어느 정도 성장하면 사람과의 접촉을 최소화하고, 먹이를 줄 때도 발로 땅을 쿵쿵 구르며 입으로는 경계음을 낸다.
　"슉슉!"
　새끼 너구리가 놀랄 만큼 소리를 위협적으로 크게 내면 너구리들은 사람을 두려워하고 경계심을 갖는다. 이런 과정을 통해 순하던 새끼 너구리들이 사람을 경계하면서 야생성을 갖추어 간다. 그런 모습이 조금 서운하기도 하지만 그보다 훨씬 더 큰 마음은 안도감이다. 반려동물이 아니라 야생동물인 녀석들에게 필요한 건 충분한 공격성이니까!
　9월 말 햇볕이 좋은 가을날. 너구리들을 데리고 녀석들이 처음 발견된 보리밭 근처의 산으로 갔다. 너구리 방생은 어둑해질 무렵에 한다. 야행성인 너구리들의 활동 시간에 풀어주는 것이 좋기 때문이다. 우리는 녀석들이 들어 있는 이동장 뒤에서 숨 죽인 채 이동장 문을 조용히 열었다.

1초, 2초, 3초.

3초 정도의 정적이 흘렀을까? 한 마리가 씩씩하게 이동장을 박차고 나가자 그뒤를 이어 너구리들이 우르르 달려 나갔다. 뒤돌아보지도 머뭇거리지도 않고 앞만 보고 달려가는 녀석들. 힘차게 달려가는 뒷모습을 보니 이젠 새끼라고 할 수 없을 정도로 다 자라 있었다. 게다가 윤기 있는 풍성한 털로 덮여 있어 얼마나 풍채가 당당하고 아름다운지. 오늘 밤, 이 숲이 너구리들을 포근하게 감싸안아 주기를 바란다. 그리고 내일 밤도, 앞으로도 내내.

방생되는 새끼 너구리.

너구리

'너구리 한 마리 몰고 가세요.'

너구리 하면 광고 카피 속 귀여운 너구리가 생각나지만 사실 너구리는 사나운 야생동물이다! 너구리(Raccoon dog)는 이름에서 보듯 개과의 잡식성 동물이다. 식욕도 어마어마해서 들쥐, 개구리, 뱀, 게, 지렁이, 곤충, 열매, 고구마 등 먹을 수 있다면 한꺼번에 많은 양의 먹이를 먹는다.

너구리는 짧은 다리에 땅딸막한 몸, 뾰족한 주둥이에 둥근 귓바퀴를 갖고 있다. 얼굴에 흑갈색털이 있어서 다크서클이 있는 얼굴을 보고 흔히 너구리 같다고 표현한다. 이런 외모 때문에 동물을 의인화한 이야기인 동물담에서는 흔히 둔하고 의뭉스럽고 미련한 동물, '여우, 너구리, 두꺼비 키재기'라는 말처럼 지능이 가장 낮은 동물로 표현되기도 한다.

하지만 야생 너구리는 굉장히 사나운 동물이다. 귀여운 얼굴에 현혹되어 손을 뻗는 순간 날카로운 송곳니에 손을 물릴 수도 있다. 최근 너구리를 반려동물로 키우는 경우가 있는데 이 너구리는 토종 너구리가 아니라 미국너구리이다. 미국너구리는 토종 너구리와 달리 개과가 아니라 미국너구리과로 토종 너구리에 비해 앞발가락이 길고 감각이 예민해서 물건을 집거나 나무를 능숙하게 오를 수 있다. 특히 먹이를 먹기 전에 물에 넣어 문지르는 특이한 습성이 있다.

너구리는 개과 동물 중 유일하게 겨울잠을 자는 동물로 11월 중순에서 3월 초순까지 동면을 하고 3월에 깨어난다. 하지만 한국에 사는 너구리는 동면을 하지 않는다고 알려져 있다. 최근 도시에 너구리가 자주 출몰하는 이유는 너구리의 서식지인 숲이나 평지가 훼손되어 서식지가 줄어들고, 상위 포식자가 사라지면서 개체수가 늘어난 상황에서 도시가 먹이 구하기가 쉽고 은신처가 많기 때문인 것으로 보인다.

새끼 너구리들의 유모이자 선생님

삼촌 너구리

  우리 병원에는 앞을 못 보는 너구리가 살고 있다. 이름은 '삼촌 너구리'. 교통사고로 심하게 머리를 다친 삼촌 너구리는 심각한 상태였다. 다행히 며칠 만에 의식을 찾았지만 후유증으로 앞을 보지 못하게 되었다. 행동이 민첩하지 못하고 사람을 경계하지 않아 그 상태로는 야생에서의 생활이 어려워 병원에 남기기로 결정했다.

  그런데 삼촌 너구리는 예상외로 병원에서 매우 큰 역할을 하고 있다. 매년 번식기 때 엄마를 잃은 새끼 너구리들이 병원으로 구조되어 오면 삼촌 너구리가 새끼들의 대리모 역할을 하기 때문이다. 언제나 삼촌 너구리는 기대 이상의 활약을 한다. 병원의 보금자리에서 사람들의 보살핌을 받으며 살던 새끼 너구리가 두세 달이 지나 계류장으

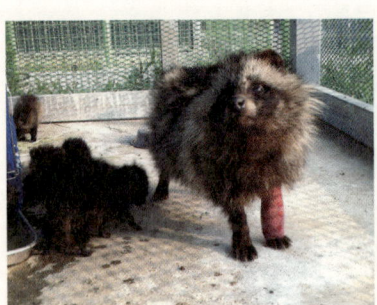 

로 옮겨지면 삼촌 너구리는 처음에는 멀찍이 떨어져서 킁킁킁 냄새만 맡는다. 그러다가 경계를 풀고 조금씩 새끼들에게 다가가서는 언제나 정성껏 새끼들의 몸을 핥아 준다. 처음에는 처음 보는 새끼들을 해치지는 않을까 했는데, 그건 괜한 걱정이었다.

 삼촌 너구리는 새끼들에게 야생에서 살아가는 방법도 알려 준다.
 "땅에 묻힌 건 이렇게 찾아서 먹는 거야. 알았지?"
 병원에서 키워진 새끼들은 땅에 묻어둔 먹이를 잘 찾지 못한다. 어미로부터 배운 적이 없기 때문이다. 하지만 삼촌 너구리는 땅에 묻힌 먹이를 찾는 데 선수이다. 눈이 보이지 않는데도 먹이가 있는 지점을 정확히 파서 목표물을 찾아낸다. 너구리는 시각보다 후각이 더 예민하기 때문에 삼촌 너구리처럼 앞을 못 보는 녀석도 먹이를 찾는 데 큰 불편함을 느끼지 않는다. 새끼 너구리들은 삼촌 너구리가 땅을 파는 모습을 유심히 살펴보다가 그 모습을 따라한다. 그러니 삼촌 너구리는 새끼들에게 최고의 유모이자 선생님일 수밖에!
 병원에서 성장한 새끼 너구리들은 어른 너구리가 없는 환경에서 성장하기 때문에 문제가 생길 수 있는데, 그 빈 부분을 삼촌 너구리가 채워 주는 것이다. 이렇게 새끼 너구리들은 삼촌 너구리와 함께 한발 한발 성장해 나간다. 삼촌 너구리를 통해 배운 야생에서의 생존 기술을 새끼들은 자연으로 돌아가 아주 잘 활용할 것이다. 그래서 자연으로 돌아가지 못하는 삼촌 너구리의 몫까지 더해 더욱 자유롭게 자연에서 살아 주기를 바란다.

엑스레이 속 고라니의 뱃속에

새끼 고라니 골격이 또렷하게 나타났다.

어미 고라니가 교통사고를 당하지 않았더라면

곧 태어날 새끼 고라니의 모습이었다.

로드킬로 죽어가는 동물들 : 어미 고라니의 비극

고라니의 비명

5월의 일요일 저녁, 병원의 전화가 울렸다. 고속도로에서 고라니를 치었다는 전화였다. 서둘러 현장으로 출동해 보니 고라니는 고속도로 갓길에 쓰러져 있었다. 가까이 다가가니 고라니는 버둥거리면서 앞다리와 목을 움직여 보았지만 자기 힘으로 서지 못했다. 예민한 초식동물인 고라니는 사람이 다가갈 경우 흥분해서 버둥거리다가 쉽게 추가 골절이나 근육염 등 2차적 부상을 입기 때문에 조심스럽게 접근하여 재빨리 검은 후드를 씌웠다. 눈을 가리면 고라니는 비교적 흥분을 빠르게 가라앉힌다.

고라니를 들어서 구조 차량으로 옮기는데 고라니의 갈비뼈 밑에서 미친 듯이 뛰는 심장박동이 느껴졌다. 흉곽도 빠르게 움직이면서 얕고 가쁜 숨을 내뱉고 있었다. 고라니의 엄청난 고통이 그대로 전해졌다. 조금

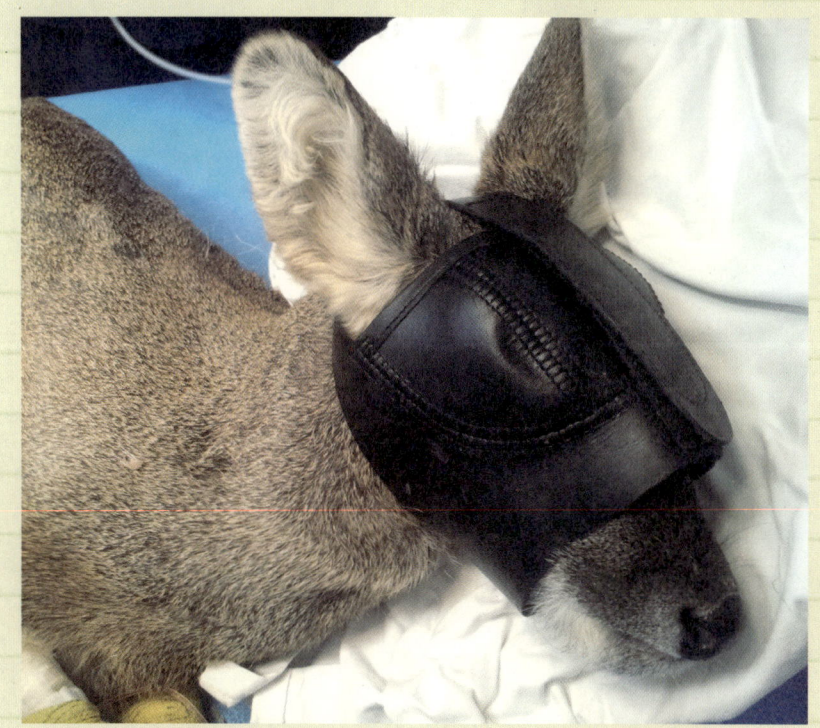
눈을 가려서 고라니를 안정시킨다.

이라도 빨리 병원에 도착해야 할 것 같아서 온몸의 신경이 곤두섰다.

병원에 도착하자마자 기초 검사부터 시작했다. 낯선 곳에 도착한 것을 알았는지 고라니는 높은 톤의 비명을 지르기 시작했다.

"삐이이익…… 삐익."

고라니는 평소에 거의 소리를 내지 않는 동물이다. 그런데 저렇게 비명을 지른다는 것은 참을 수 없을 정도의 통증이라는 의미이다. 서둘러 진정제를 투여한 다음 고라니를 찬찬히 살펴보았다. 고라니의 오른쪽 앞다리 발목 부분의 뼈가 부러져 피부를 뚫고 나와 있고 찢어진 피부에서 흐르는 피가 바닥에 흥건했다. 상처를 소독하고 지혈을 위해 거즈로 출혈 부위를 눌렀다.

어미 뱃속의 새끼 고라니 세 마리

"뒷다리도 반응이 없어요!"

외관상 별다른 이상이 없어 보였던 뒷다리에서도 이상이 발견되었다. 뒷다리에 감각이 있는지를 확인하기 위해 피가 배어 나올 정도로 뒷다리를 세게 꼬집었는데도 반응이 없었다. 척추신경이 심하게 손상된 것 같았다. 문제가 없다면 보통 이 정도의 자극만 줘도 다리로 세게 차고 머리를 돌려 자극 부위를 보려고 해야 한다. 그런데 이 녀석은 아무런 반응이 없었다. 척수신경손상으로 인해 뒷다리의 감각신경, 운동신경 모두 손상된 심각한 상태였다. 보통 교통사고로 다친 고라니들은 강한 충격에 의해 척추가 부러지는 경우가 많다. 신경은 한 번 손상되면 다시 회

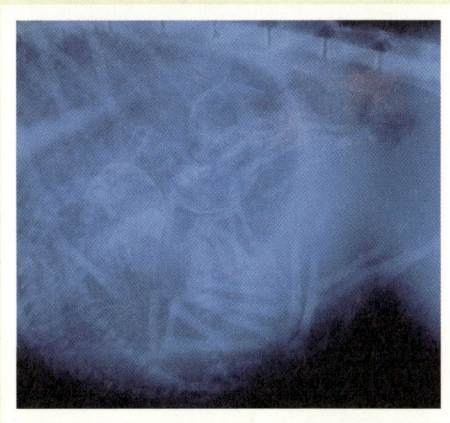

암컷 고라니의 뱃속에 새끼 고라니의 골격이 선명하게 보인다.

복되기 어렵기 때문에 척추신경이 손상된 채 구조되면 대부분 안락사시킨다.

엑스레이를 찍은 후 필름이 인화될 때까지 방사선 촬영실에는 긴장감이 흘렀다. 드디어 현상된 필름을 걸자 지켜보던 모든 사람의 입에서 안타까운 신음소리가 터져 나왔다.

"이런, 세상에……."

엑스레이 속 고라니의 뱃속에 새끼 고라니의 골격이 또렷하게 보였다. 어미 고라니가 교통사고를 당하지 않았더라면 곧 태어날 새끼 고라니의 모습이었다. 고라니의 임신기간은 165~200일이고, 5~6월은 고라니의 주된 분만 시기이다. 그러니 필름 속 선명한 새끼의 골격은 어미의 분만이 임박했음을 알려 주는 것이었다.

"새끼들이 아직 살아 있을까요? 죽었을까요?"

새끼들이 살아 있는지를 알아보려고 초음파검사를 실시했다. 어미 뱃속의 새끼는 모두 세 마리였는데 그중 두 마리는 안타깝게도 움직임이 없었다. 그러나 한 마리는 심장이 여전히 힘차게 뛰고 있었다. 어미의 상태로 봐서는 안락사를 시키는 게 인도적이지만 뱃속에 새끼가 살아 있었다. 기막힌 상황에서 안타까운 마음에 그 누구도 쉽게 말을 꺼내지 못했다.

힘든 침묵이 이어진 후 어미고라니를 안락사 시키지 않고 상태를 지켜보기로 했다. 골절을 입은 어미 고라니의 앞다리를 소독한 후 붕대를 감고, 어둡고 따뜻한 곳에서 쉬게 했다. 신선한 야채와 풀, 물과 사료를 준 뒤 당분간 녀석의 상태를 지켜보기로 했다. 고라니 가족에게 너무나 잔인했던 5월의 하루가 저물어 가고 있었다.

미안해……

　다음 날 아침 야생동물병원이 조용히 술렁였다. 아침에 입원실 문을 열어 보니 어제 구조된 고라니가 차갑게 식어 있었기 때문이다. 근육이 강직된 것으로 봐서 죽은 지 서너 시간 이상은 된 것 같았다. 넣어준 야채와 먹이도 그대로였고, 담요 위에 고개를 떨어뜨린 채 잠든 것처럼 누워 있었다. 뱃속의 새끼 고라니의 심장박동도 더 이상 느낄 수 없었다.

　순간 눈물이 툭 떨어졌다. 지난밤 혼자 견뎠을 어미 고라니의 고통과 두려움이 느껴졌다. 밤새 녀석의 상태를 살피면서 응급 상황이 발생할 때를 대비해 녀석을 지켜주었어야 하는데 왜 그러지 않았는지 후회가 밀려왔다. 가슴에 묵직한 통증이 느껴졌다.

　"미안하다. 미안해……."

　사람이 만든 도로에서 죽어간 고라니. 겨우내 뱃속에서 키웠을 새끼들과 함께 떠난 어미 고라니의 안타까운 죽음에 미안할 뿐이었다. 눈물을 훔치며 고라니의 눈을 가만히 감겨 주었다.

야생동물병원의 안락사

야생동물병원에 구조되어 오는 동물 중에는 치료 후에도 야생에서 스스로 생존하기 어렵다고 판단되는 경우가 있다. 이런 경우 안락사를 해야 하는 순간이 온다. 안락사는 동물이 살아 있더라도 참기 힘든 통증과 스트레스를 받을 경우 시행된다. 일반적으로 신체 일부의 완전마비 또는 부분적 마비를 포함한 신경손상, 스스로 서지 못하는 다발성 골절 또는 신체 일부의 완전한 소실이 있는 경우 안락사를 시행한다.

안락사는 동물이 더 이상 견디기 힘든 고통을 받지 않도록 인간이 삶을 마무리해 주는 것이다. 처절한 고통 속에서 몸부림치는 삶보다 고통 없는 죽음을 주는 것이다. 야생동물병원에서 가장 힘들고 어려운 순간이다. 숨소리가 조용히 잦아들고 심장박동 소리가 들리지 않는 그 순간까지 우리는 겸허하게 죽음을 지켜본다. 그리고 기도한다. 다음 생에는 더 넓고 광활한 자연에서 태어나 사람에게 상처받지 않는 야생의 삶을 살기를!

고라니

　우리나라에서 자주 볼 수 있는 사슴과 동물은 고라니, 노루 등인데 고라니와 노루는 일반인이 구분하기가 쉽지 않다.

　고라니는 노루보다 크기가 작다. 노루의 경우는 수컷만 뿔이 있고 암컷은 뿔이 없지만, 고라니의 경우는 암컷과 수컷 모두 뿔이 없고 크기와 털색이 비슷해서 암컷과 수컷을 구분하기가 쉽지 않다. 고라니 수컷은 송곳니가 6센티미터 정도로 길게 자라므로 송곳니를 보면 암컷과 수컷을 구분할 수 있다. 수컷의 송곳니는 번식기에 수컷끼리 싸울 때 쓰거나 뿌리를 캘 때 쓴다.

　고라니는 초식동물로 채소, 거친 풀, 갈대 등을 먹기 때문에 갈대밭이나 무성한 관목림에 살며, 보통 2~4마리씩 지내며 무리를 지어 생활하는 것은 드물다. 5월경에 1~3마리의 새끼를 낳는다. 새끼 고라니는 등에 흰점으로 이루어진 줄무늬가 있는데 자라면 배냇털이 빠지면서 흰점과 줄무늬도 사라진다. 고라니는 영어명(Chinese water deer)에서 볼 수 있듯이 물을 좋아하고 수영을 잘한다.

　고라니는 중국 아종과 한국 아종이 있다. 중국 아종은 개체수가 급감하여 보호종으로 보호받고 있으며, 프랑스와 영국에는 중국 아종이 도입되어 야생에서 살고 있다. 한국 아종은 유해조수로 간주될 만큼 많은 수가 서식하고 있지만 서식지가 한반도로 제한되어 있어 우리나라에서 멸종될 경우 전 세계적인 멸종이라고 할 수 있다.

인간과 야생동물의 공존은 가능할까?

로드킬

인간의 길? 야생동물의 집!

많은 야생동물이 도로에서 교통사고를 당해 다치거나 목숨을 잃는다. 교통사고로 인한 동물의 죽음을 로드킬Road kill이라고 한다. 인간이 자동차와 도로를 만든 이후 야생동물에게 로드킬은 피할 수 없는 비극이 되었다. 동물의 입장에서 생각해 보면 그들은 아주 오래 전부터 짝짓기와 먹이, 보금자리를 찾으려고 당연하게 그 길을 지나다녔을 것이다. 그 길 위에 어느 날 도로가 생겼지만 야생동물은 그

야생동물 출현 지역을 알리는 표지판

도로가 무엇인지 모른다. 그래서 먼 길을 돌아가기보다는 원래 예전부터 다니던 길, 익숙한 냄새가 나는 길을 본능적으로 무리해서라도 건너려고 하는 것이다.

이러한 야생동물의 생태를 고려하지 않은 채 인간의 편의를 위해 깔린 전국의 총 도로의 길이는 10만 5,565킬로미터이며, 이중 포장도로는 8만 4,196킬로미터로 우리나라 도로의 79.8퍼센트가 포장도로이다2010. 12. 31 기준. 이는 전체 국토면적에 견주어 계산하면 1제곱미터당 1킬로미터의 도로가 있는 셈이다2011년 기준.

또한 도로를 중심으로 발달해 있는 택지, 산업단지, 관광단지 등이 차지하고 있는 면적이 도로의 면적보다 더욱 크다. 도로를 중심으로 개발되고 있는 편의시설은 야생동물의 서식지를 더욱 축소·단절시키고 있다. 따라서 로드킬의 문제는 비단 야생동물의 교통사고에만 국한된 것이 아니며 넓은 서식지에서 살아가야 하는 포유류, 조류, 파충류를 포함한 모든 야생동물의 생존과 직결되는 문제로 접근해야 한다.

로드킬을 줄이는 방법

로드킬을 줄이기 위해 국가와 지방자치단체는 대책을 마련하고 있다. 로드킬을 줄이기 위한 노력으로는 크게 두 가지가 있다. 야생동물의 관점에서 야생동물 스스로 로드킬을 피해 갈 수 있도록 유도하는 방법과 사람의 관점에서 야생동물을 차량으로 치지 않도록 하는 방법이다.

우선 야생동물의 관점에서 야생동물이 로드킬을 피해 가도록 하는 방법은 야생동물이 포장도로를 우회하여 지나갈 수 있는 생태통로를 만들거나 생태통로로 가도록 유도하는 울타리를 두어 도로나 자동차의 위험성을 인지하지 못하는 동물들이 피해 갈 수 있도록 하는 방법이다.

생태통로

하지만 실제로는 유도 울타리가 있어도 유도 울타리를 뛰어넘어 도로를 건너려는 모습이 관찰되었다. 또한 야생동물이 지나가야 할 생태통로를 사람들이 등산로로 이용하여 오히려 사람 냄새에 민감한 야생동물이 기피하는 통로가 되어 버리기도 한다. 따라서 생태통로와 유도 울타리의 실효성을 높이려면 야생동물의 생태를 철저하게 모니터링하고, 생태통로와 유도 울타리의 목적을 사람들에게 널리 알려 시민의식을 고취시키는 것이 시급하다.

생태통로나 우회도로가 건설 비용이 많이 들고 실질적으로 제 구실을 하지 못하자 오스트리아에서는 야간에 일어나는 로드킬을 방지하기 위해 '로드킬 방지 반사체'를 이용하기도 한다. 로드킬 방지 반사체는 도로의 갓길에 설치되어 차량의 빛을 45도로 반사시켜 야생동물이 도로를 건너려고 할 때 반사체에 비춰진 불빛을 보고 차도로 뛰어들지 않게 하는 원리이다. 이 반사체는 로드킬을 방지하는 효과가 있을 뿐만 아니라 설치가 간편하고 반영구적이며 생태통로나 우회도로에 비해 유지비가 저렴해 최근 유럽에서 많이 사용되고 있다.

로드킬을 줄이려면 야생동물이 로드킬을 피해 갈 수 있도록 유도하는 방법 외에 사람들에게 로드킬의 심각성을 환기시키는 방법이 있다. 로드킬이 빈번히 일어나는 지역에 야생동물 출현 표지판을 두어 운전자가 주의하여 운전할 수 있도록 하는 것이다. 이는 교통사고를 당한 야생동물이 늦게 구조되어 치료받을 수 있는 기회를 잃는 것을 예방할 수도 있다.

또한 2차 교통사고로 야생동물이 더 큰 피해를 입는 것을 방지하기 위해 경남에서는 2007년부터 로드킬당한 야생동물을 구조, 신고할 경우 포상금을 주기도 한다. 로드킬당한 상태에서 뒤따르는 차량에 의해 또다시 치이는 것은 동물에게 극심한 고통을 주는 일이기 때문이다. 그래서 야생동물 출몰 표지판과 함께 신고 안내 표지판도 배치하고 있다.

'빨리, 빨리'가 익숙한 우리나라 사람들에게는 매끄럽게 잘 포장된 도로를 빠르게 달리는 것이 익숙할 것이다. 하지만 도로를 달릴 때 야생동물 출몰 표지판을 보고 속도를 줄일 수 있는, 다른 생명에 대한 배려가 필요한 때이다.

위에서 납봉돌과 도래가 발견되었다.

큰고니는 밀렵꾼의 총에 맞고,

낚시꾼이 버리고 간 납봉돌을 먹고

납 중독에 걸려 생사를 넘나들고 있었다.

ⓒ 충남야생동물병원

※ 충남야생동물구조센터를 충남야생동물병원으로 쓴다.

납중독 응급 환자 큰고니

밀렵꾼의 총에 맞고, 낚시꾼이 버린 납 봉돌 삼키고

충남야생동물병원에서 큰고니 치료 협조 의뢰가 들어 왔다. 전날 충남의 한 저수지에서 납 봉돌_{낚싯바늘이 가라앉도록 낚싯줄 끝에 매는 낚시 소모품. 작은 돌덩이나 쇳덩이로 만드는데 우리나라에서는 납을 많이 사용해 왔다}을 삼킨 큰고니 한 마리가 구조되었다는 것이다.

제보를 받고 바로 현장으로 갔다. 제보자는 큰고니가 며칠째 날지도 않고 저수지에 우두커니 있다고 했다. 큰고니에게 다가가니 도망가려는 반응이 너무 느렸다. 외관상으로 살펴보니 한쪽 날개에 총상 흔적이 있었다. 그런데 총탄만 맞았다고 하기에는 행동이 너무 이상했다. 아무래도 납중독이 의심되었다. 급히 병원으로 이송했다.

검사 결과 실제로 큰고니는 납중독이 확인되었다. 혈액 내 적혈구 수

치가 너무 낮았다. 심각한 빈혈이었다. 녹색 설사도 계속하고, 체중도 6.4킬로그램밖에 나가지 않는 체중미달 상태였다. 무엇보다 혈중 납농도가 정상치를 훨씬 웃돌았다.

"근육위에 있는 거 납 봉돌이지? 세상에 도래도 있네."

엑스레이 판독을 하니 근육위조류는 전위와 근육위로 이분화된 위를 갖는다. 전위에서는 소화효소를 분비하고 근육위에서는 내부의 돌을 이용하여 음식을 갈아 소화를 돕는다에서 납 봉돌과 도래낚싯줄을 연결하고 꼬임을 방지하는 낚시 소모품가 발견되었다. 밀렵꾼의 총에 맞고, 낚시꾼이 버리고 간 납 봉돌을 먹고 납중독에 걸려 생사를 넘나드는 녀석을 보고 있자니 인간이라는 것이 한없이 미안했다.

납이 동물의 위 안으로 들어갈 경우, 강한 위산에 의해 납이 녹아 체내에 흡수되고 순환계를 통해 빠르게 온몸 조직으로 퍼진다. 흡수된 납은 체내 칼슘의 작용을 방해하고, 헤모글로빈의 산소 운반 능력을 방해하며, 신장, 골격, 순환계, 소화계, 신경계의 기능을 손상시킨다. 많은 양

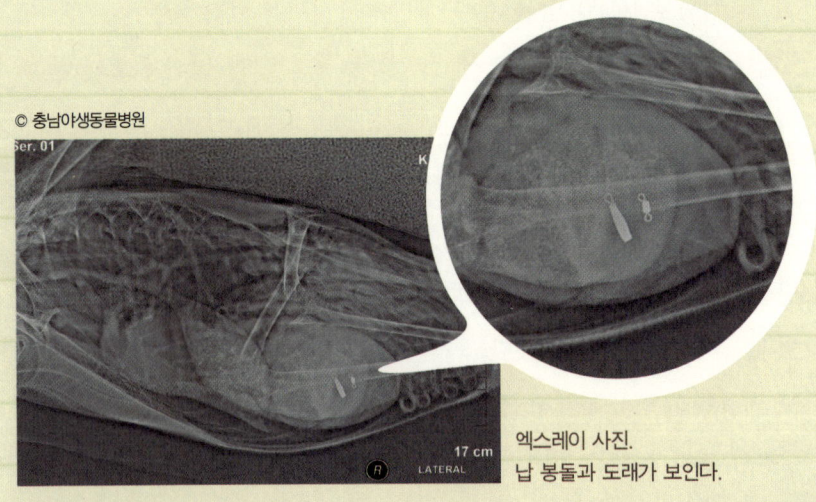

엑스레이 사진.
납 봉돌과 도래가 보인다.

내시경을 준비하고 있다.

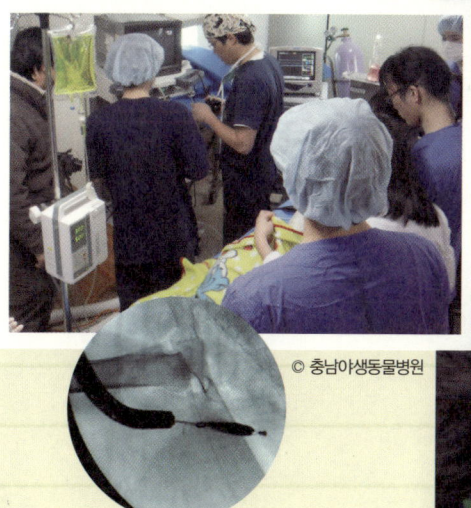

ⓒ 충남야생동물병원

위세척을 하고 있다.

을 일시에 섭취할 경우 급사하지만 적은 양을 섭취할 경우에는 만성으로 진행된다.

그래서 납 봉돌이 많이 버려지는 낚시터나 호수에서는 종종 수척하고 굶주린 새를 볼 수 있다. 납에 중독된 새는 걷다가 이유 없이 앞으로 넘어지거나 목적 없이 배회하고 과도하게 침을 흘린다. 또한 물을 많이 먹고 오줌을 많이 싼다. 머리가 기울어진 채 움직이다 보니 물체에 머리를 박아서 다치기도 한다. 동공이 확장되고 무기력해진다. 안타까운 것은 납중독 상태가 되면 잘 먹지 못한다는 것이다. 근육위의 기능이 마비되어 먹이를 삼키는 것이 쉽지 않기 때문이다. 아픈데 잘 먹지도 못하니 아픈 동물을 돌보는 의료진도 안타깝기는 마찬가지다.

내시경으로 납 봉돌을 제거하다

큰고니는 강바닥의 수초뿌리 등을 캐 먹다가 수초에 낚싯바늘과 함께 걸려 있는 납 봉돌을 먹은 것으로 추측된다. 일단 충남야생동물병원에서 근육위와 식도 내에 있는 모래와 이물질을 위세척을 통해 제거했지만 납 봉돌은 근육위 안쪽에 걸려 고정되어 있어서 제거하지 못한 상태였다. 납 봉돌을 제거하려면 수술과 내시경 이용 방법이 있는데 큰고니의 몸 상태가 좋지 않아 내시경을 이용하여 체내의 납 봉돌을 제거하기로 했다.

© 충남야생동물병원

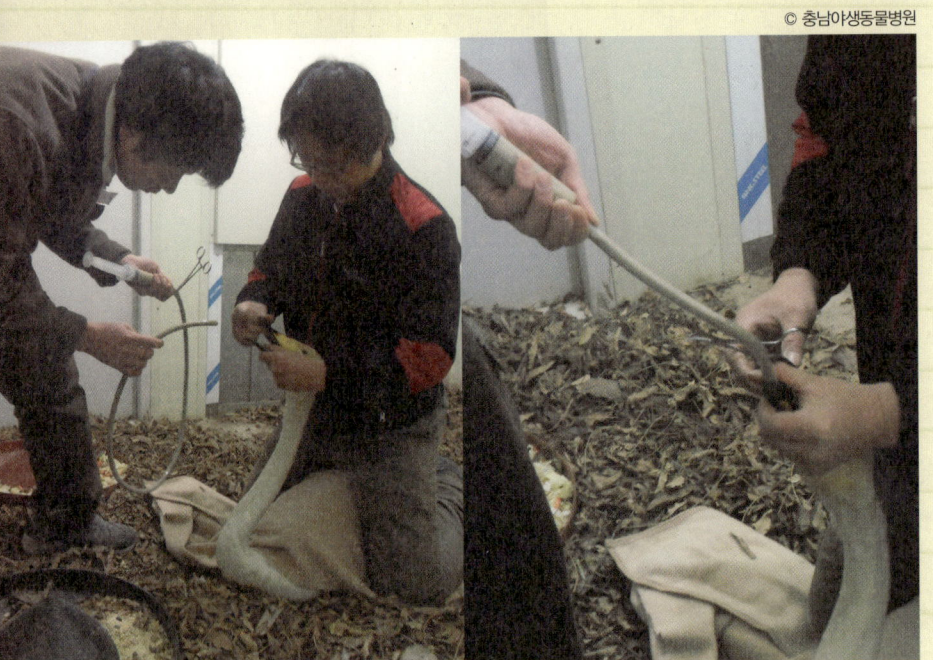

큰고니에게 강제 급여를 하고 있다.

납에 중독된 동물은 마취에서 깨어나는 게 힘들기 때문에 불의의 사고를 방지하기 위해 마취의 정도를 섬세하게 조절할 수 있는 호흡마취를 실시했다. 큰고니의 건강 상태가 좋지 않아 마취가 위험했지만 납 봉돌 제거 도중에 움직이면 더 위험해져서 마취를 하기로 결정했다. 이동식 엑스레이 촬영 장비를 이용하여 실시간으로 큰고니의 위를 투시하면서 내시경을 이용하여 마침내 근육위 안의 납을 제거하는 데 성공했다.

그런데 큰고니는 납 봉돌 제거 후에 스스로 잘 먹지를 못했다. 그래서 약 3주 동안은 강제 급여를 했다. 식도부터 위까지 들어가는 먹이 주입용 튜브를 이용해 억지로 먹이는 것이라 동물에게도 힘든 상황이었다.

"제발 스스로 먹어라, 고니야."

이후에도 스스로 먹고자 하는 의지를 보이지 않으면 건강이 심각하게 악화될 수 있다. 그래서 어떻게든 스스로 먹게 하는 것이 가장 큰 숙제였다.

다행히 큰고니는 수술 후 17일째 되는 날 스스로 먹기 시작했다. 이렇게 스스로 먹기 시작하자 상태가 급격히 좋아져 납 봉돌 제거 후 3~4주 정도 뒤에는 먹이를 주는 재활사 선생님을 위협할 정도가 되었다. 몸이 많이 회복되었다는 좋은 신호였다.

처음 구조할 때 고개도 들지 못하던 무기력한 모습에 비하면 눈부신 회복 속도를 보여 준 셈이다. 하지만 늘 조심해야 한다. 납이 뇌를 공격해 지각 능력이 떨어졌을지도 모르기 때문이다. 그래서 중금속에 중독된 동물은 방생을 결정할 때 다른 동물보다 더 오래 더 세심하게 지켜봐야 한다.

다른 큰고니에게 피를 받아 빈혈을 이기다

납 봉돌 제거는 성공적으로 끝났다. 잠시 우리 병원에 머물렀던 큰고니는 충남야생동물병원으로 돌아가서 재활치료에 들어갔다. 큰고니의 몸은 완전히 회복되지 않은 상태였다. 몸 안에 남아 있는 납 성분 때문에 적혈구가 심각하게 파괴되어 빈혈이 있는 상태로, 당장 수혈이 필요했다. 그런데 다행스럽게도 야생동물병원에 납에 중독되어 빈혈 상태가 된 큰고니에게 깨끗한 피를 나눠 줄 다른 큰고니가 있었다. 영구장애동물_{야생에서 생존하기에는 걸림돌이 되는 큰 장애가 있어서 자연으로 방생시키지 못하는 동물. 수혈, 대리모, 교육 등의 목적으로 야생동물병원에 영구 계류시키거나 안락사를 한다}로 판정받아 자연으로 돌아가지 못하고 1년 전부터 병원에서 살고 있던 터였다.

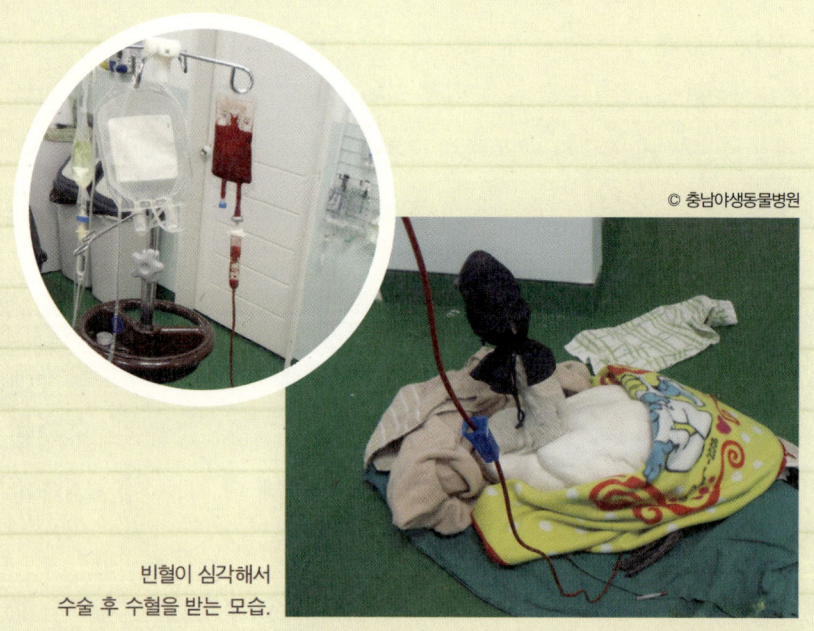

© 충남야생동물병원

빈혈이 심각해서
수술 후 수혈을 받는 모습.

다른 큰고니의 피를 빌려 납에 중독된 큰고니에게 수혈을 해 주었다. 수혈은 부작용이 일어나면 목숨을 잃을 수도 있는 심각한 상황이 발생하므로 사전에 검사가 필요하다. 큰고니 두 마리의 혈액을 뽑아서 혈액교차반응검사를 했다. 새는 특정 혈액형이 없어서 다른 새의 피를 수혈받아도 사람과 같은 위험한 수혈 부작용은 발생하지 않지만 최소한의 안전한 수혈을 위해 두 새의 혈액교차반응검사를 한다. 이 검사는 두 새의 피를 섞었을 때 혈구가 터지는 용혈이나 혈구가 서로 달라붙는 응집이 일어나는지를 확인하는 것이다. 다행히도 큰고니는 혈액교차반응검사에서 큰 이상이 발견되지 않았다. 다행히 검사 결과 수혈을 해도 별다른 문제가 없음을 확인했다.

　수혈은 성공적으로 진행되었다. 수혈을 하려면 공혈하는 큰고니로부터 피를 뽑아서 항응고처리를 해야 한다. 먼저 공혈^{피를 제공해 주는} 큰고니에게서 일정량의 혈액을 뽑아 항응고처리를 한다. 이렇게 해야 애써 뽑아놓은 혈액이 굳지 않기 때문이다. 수혈 시 가장 큰 부작용은 몸 안에 들어온 다른 동물의 혈액이 응고되어 혈관을 폐쇄시켜서 전체 혈액순환의 흐름을 막는 것이다. 이렇게 되면 산소 공급이 제대로 되지 않아 결국 죽는데 이를 방지하기 위해 수혈할 혈액에 혈액응고를 방지하는 항응고 물질을 인위적으로 첨가하는 것을 항응고처리라고 한다.

　뽑아 놓은 혈액은 3시간 이내에 모두 수혈해야 한다. 우리는 수혈팩을 납중독 큰고니에게 달아 주고 혹시 모를 과민반응에 대비해 옆에서 숨죽여 지켜보았다. 한방울 한방울 혈액이 들어갈 때마다 제발 큰고니가 빈혈에서 회복되어 건강해지기를 바랐다.

　다행히 큰고니는 수혈을 받은 후 빈혈 증상이 싹 나았다. 납 중독에 따른 지각능력 저하도 보이지 않아 조만간 위치추적기를 부착해서 방생할 계획이다.

회복 중인 큰고니, 수액 주입을 위해 다리에 혈관 카테터를 장착했다.

© 최철순

© 최철순

큰고니

© Sallydica

〈미운 오래 새끼〉에서 유난히 크고 못생겼다고 구박받던 새끼 오리가 방황하며 고생스런 겨울을 보내고 봄이 되어 다시 돌아왔을 때는 공중을 훨훨 날고, 물 위에서는 우아한 자태로 다른 새들의 부러움을 사게 된다. 여기 나오는 새가 백조인데 이 백조의 다른 이름이 큰고니이다.

찬바람이 불기 시작하면 황해도 옹진군 호도, 장연군 몽금포, 함경남도 차호, 강원도 경포대 및 경포호, 낙동강 하구, 전라남도 진도, 해남 등지에 반가운 손님이 찾아온다. 그 손님은 바로 청둥오리, 가창오리, 흰뺨검둥오리, 쇠기러기, 흰죽지 등이다. 그중에도 큰고니는 큰 덩치와 은백색의 우아한 외모로 가장 돋보인다.

겨울철 한국에 도래하는 큰고니는 해안·간척지·하구삼각주·강·저수지 등의 얕은 수면에서 무리 지어 생활한다. 큰고니는 가족에 대한 사랑이 남달라서 무리 지어 생활할 때도 암컷, 수컷, 어린 새끼로 이루어진 가족 단위로 생활하며 한 번 부부가 되면 평생을 함께한다. 먹이를 찾을 때에는 긴 목을 물속에 깊숙이 넣고, 바닥에 있는 먹이를 찾아 먹는다. 울음소리는 트럼펫 소리와 비슷하다. 식성은 담수 수생식물의 뿌리나 줄기, 육상에서는 감자, 곡식의 낱알 등을 먹는다.

몸이 무거워서 하루종일 서 있기가 힘들어 하루의 대부분을 물에서 수영하거나 물속에서 먹이를 찾으면서 시간을 보낸다. 무겁고 큰 몸집에 비해 수백 킬로미터를 날 정도로 비행을 잘 한다. 헤엄칠 때는 밖에서 보면 우아해 보이지만 물속에서는 두 발이 정신없이 헤엄을 치고 있다. 헤엄칠 때 목을 S자 모양으로 굽히지만 주위를 경계할 때는 곧게 세운다.

야생동물 방생의 기준은 무엇일까?

야생동물병원에 구조되어 온 동물을 돌보면서 가장 기쁠 때는 동물이 회복되어 자연으로 돌아갈 때이다. 하지만 구조된 모든 동물이 방생되는 것은 아니며 동물의 생리적 특성에 따라 방생할 수 있을지를 판단한다.

가장 중요한 것은 방생할 당시 동물의 신체가 스스로 먹이 활동을 하면서 생존할 능력을 갖추었냐는 것이다. 적절한 체력을 유지하면서 생존해 나갈 수 있다고 판단되면 일단 합격점이다.

조류의 경우 날개관절의 가동 범위가 정상과 가까워야 하고, 날개막 인대가 충분히 늘어날 수 있어야 하며, 비행에 중요한 날개깃이 손상되지 않아야 한다. 다리 하나를 잃었을 경우 방생이 어려운 경우가 많다. 시각이나 청각이 중요한 조류^{매, 부엉이 등}의 경우 시각과 청각이 온전해야 방생할 수 있다.

포유류의 경우 사냥을 해야만 먹이를 확보할 수 있는 육식동물인 삵이나 수달은 한쪽 다리가 없을 경우 야생에서의 먹이 활동이 어렵기 때문에 방생이 어렵다. 하지만 잡식동물인 너구리나 초식동물인 고라니의 경우 다리 하나가 없어도 나머지 다리의 기능이 정상이면 먹이 활동에 큰 지장이 없기 때문에 방생할 수 있다.

사람에게 각인된 경우 야생에서의 생활이 어렵기 때문에 방생 시기를 늦추며 각인을 풀기 위해 동종과 집단생활을 시키는 등의 방법을 시도해야 한다.

방생은 동물이 구조된 원래 장소에, 구조된 후 최대한 빨리 이루어지는 것이 좋다. 방생 지역은 천적이나 먹이 경쟁자를 피할 수 있고, 피신처가 충분하며, 먹이가 충분한 곳이 좋다.

무리생활을 하는 철새의 경우 다음 철새의 도래 시기에 맞추어 같은 종의 무리에 방생시켜야 한다. 불빛에 민감하고 충돌 사고가 잦은 야행성 올빼미류나 죽은 동물을 먹는 까마귀 같은 동물을 도로 인근에 방생하면 차량과 쉽게 부딪히므로 도로 인근 지역은 피해야 하며, 고니같이 몸집이 큰 조류는 도약 거리가 많이 필요하므로 호수나 갯벌과 같은 넓은 공간에 방생한다.

생명을 죽이는 무서운 낚시도구

납 봉돌

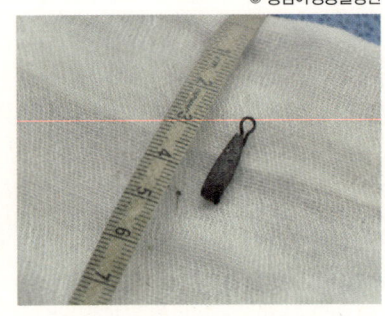

© 충남야생동물병원

내시경을 통해 큰고니의
몸속에서 꺼낸 납 봉돌.

낚시는 바쁜 현대인에게 좋은 취미 활동이지만 어떻게 하느냐에 따라 생명을 위협하는 무서운 취미 활동이 될 수도 있다. 버려진 납 봉돌로 인해 많은 동물이 납중독으로 신음하고 있기 때문이다.

낚시꾼들은 대부분 낚시하는 중에 낚싯바늘이 바위틈이나 해초에 걸리면 줄을 그냥 끊어 버린다. 그러면 낚싯줄과 함께 납 봉돌 등의 낚시 소모품이 바다, 호수, 강에 그대로 버려진다. 연간 바다에 쌓이는 양만 해도 1만 톤에 달할 정도이다.

물속에 버려진 납 봉돌은 물속에 서서히 용해되어 주변 생태계를 파괴한다. 또한 먹이사슬에 따라 작은 생물에서 큰 동물로 진행되어 최종 소비자인 사람도 생선을 먹음으로써 문제가 된다. 결국 사람에게도 피해가 돌아오는 셈이다.

납 봉돌 사용의 심각성을 일찍 파악한 외국은 1990년대부터 납 봉돌 사용을 규제하고 있다. 1991년 이후 납 봉돌로 인한 오염을 계속 추적해 온 일본 환경청은 최근 납 봉돌을 삼킨 새들이 중독되어 죽어간다는 보고서를 발표하고 납 성분이 들어간 봉돌을 규제할 계획임을 밝혔다.

우리나라도 늦게나마 납 봉돌 규제 움직임에 합류했다. 2012년 9월 10일부터 납 봉돌을 사용할 수 없게 된 것이다. 농림수산식품부가 발표한 '낚시 관리 및 육성법'에 따르면 허용 기준 이상의 중금속, 유해물질을 함유한 낚시도구를 사용하거나 판매하는 행위가 금지되며 납 봉돌 역시 여기에 포함된다. 물론 낚시꾼들의 불만도 많다. 납 봉돌을 대체할 고무 봉돌 등이 개발되어 있지만 가격이 비싸고 밀도가 작고 부피가 커서 대체 상품이 못 된다는 것이다. 물론 저렴하고 실용적인 봉돌 개발이 필요하지만 무엇보다 납중독으로 죽어가는 생명을 살리기 위해 불편함을 감수할 수 있는 수준 높은 생명의식이 필요한 시점이다.

마비된 뒷다리를 주물러 줄 때면

죽음이 녀석의 코앞까지 다가온 것 같아

슬픔이 밀려왔다가도

먹이통을 싹싹 비워 내는 모습을 보면

아직 강한 생명력이

가득 차 있는 것 같아 안심이 되었다.

© 김진수

삵아, 미안해!

"삵이…… 죽었어."

전화기 너머로 안타까운 목소리가 들려왔다. 지난 석 달 동안 우리와 함께 병원에서 지냈던 삵이 오늘 아침 입원실 문을 열자 싸늘하게 식어 있었다고 했다. 거짓말 같았다. 어제까지만 해도 밥도 잘 먹고, 여느 때처럼 사람을 보면 이빨을 드러내고 위협할 만큼 기운도 있었다. 재활 훈련을 위해 뒷다리를 주물러 주었을 때 느꼈던 부드러운 털의 감촉과 따스한 체온이 아직도 생생한데…….

부러진 척추를 치료할 수 있을까?

삵은 석 달 전 도로에서 차에 치인 후 병원으로 구조되어 왔다. 삵은 전북 지역에서는 1년에 한두 번 정도 구조되는 흔치 않은 동물이다. 구조된 삵은 눈에 띄는 외상이 없는데도 뒷다리를 전혀 쓰지 못했다.

"척추가 손상된 거 아니야?"

교통사고를 당한 동물들은 척추를 다치는 경우가 많기 때문에 뒷다리를 쓰지 못하면 가장 먼저 척추손상을 확인해야 한다. 삵의 뒷다리를 세게 꼬집었다. 그런데 전혀 반응이 없었다. 통증을 느끼지 못한다는 것이다. 서둘러 엑스레이 촬영을 했다. 예상대로 척추가 부러졌다.

급하게 수술 준비를 했다. 교통사고가 발생한 지 얼마 되지 않은 시간이라면 아직 희망이 있기 때문이다. 부러진 척추관으로 지나가는 신경이 더 이상 손상되지 않도록 하는 척추교정수술이 필요했다. 척추를 교정하는 수술은 수술 중에 출혈이 많기 때문에 어려운 수술이다. 삵에게 온전한 삶을 돌려주고 싶어 마음은 급했지만 수술은 차분하게 진행되었다.

뒷다리가 마비된 삵. 척추를 다쳐 마비가 된 뒷다리와 엉덩이를 바닥에 붙이고 앉으며, 앞다리로 몸을 지탱한다.

무려 4시간. 삵의 수술이 무사히 끝났다. 가슴부터 허리까지 붕대를 칭칭 감고 있다. 아직 마취가 깨지 않은 상태라 삵은 편안히 잠든 것처럼 보였다. 하지만 마취에서 깨어나면 많이 아플 것이다. 극심한 통증을 느낄 삵의 고통을 생각하니 벌써부터 마음이 아팠다. 이럴 때 사람이 해줄 수 있는 것은 없다. 그저 마취에서 깨어날 때까지 옆에서 기다려주는 것밖에.

"문제가 있나? 왜 이리 안 깨지?"

삵은 오랫동안 마취에서 깨지 못해 모두를 긴장시켰다. 건강 상태가 좋지 않았거나 극심한 스트레스를 받은 동물은 마취에서 깨지 못해 수술 후 바로 죽음으로 이어지기도 한다. 무사히 깨기를 바라는 사람들의 기도 덕분인지 다행히 30분 정도 지나자 조금씩 몸을 움직이기 시작했다. 마취 기운이 가시지 않았는지 비틀거리며 앞발로 몸을 지탱해 보지만 그마저도 쉽지 않은 것 같았다. 몇 개월 동안 지속될 고통스러운 투병기의 시작이었다.

인간에 의해 부서진 삵

처음의 힘겨웠던 척추수술 후에도 몇 차례의 응급 수술이 이어졌다. 척추수술, 요도수술 등 되풀이되는 잦은 수술로 의료진도 힘들었지만 가장 힘든 것은 삵이었다. 교통사고 당시 요도를 다쳐서 오줌이 다 배출되지 못하고 방광에 남아 있거나 밖으로 새서 수술을 해야 했다. 게다가 두 번의 척추수술도 이어졌는데 끝내 뒷다리를 쓰지 못하게 되었다. 안타깝게도 삵의 손상된 척수신경은 끝내 회복되지 못했다.

뒷다리를 모두 사용하지 못하게 되자 삵의 삶은 힘들어졌다. 녀석은 일어서지 못하므로 계속 누워 있거나 앞다리로 힘을 줘서 몸을 바닥에 끌고 다녔다. 자연히 엉덩이와 뒷다리에 욕창이 생기고 몸에 지속적으로 상처가 생겼다. 뿐만 아니라 항문의 괄약근을 조절하는 신경이 손상되어 항문이 항상 열려 있는 상태였다. 엉덩이는 계속 흘러나오는 배변으로 더러워졌다. 배뇨를 조절하는 신경도 손상되어 방광은 항상 가득 차 있는 상태였다.

한 마디로 삵의 삶은 처참해졌다. 교통사고만 당하지 않았다면, 인간이 자신의 터전이었던 곳에 도로만 만들지 않았다면 넓은 들판을 팔팔하게 뛰어다녔을 녀석이 병원에서 저런 모습으로 있다니……. 현재 우리나라에 남아 있는 최상위 포식자인 삵이 이렇게 처참한 모습으로 사람들의 보살핌을 받으면서 살고 있다니 미안하고 참담했다.

하지만 미안한 마음만 갖고 있을 수는 없었다. 우리는 삵이 혼자 하지 못하는 일을 도와야 했다. 욕창이 생기지 않도록 몸을 자주 돌려주고 배변이 묻어 있는 엉덩이를 자주 씻겨주고, 가득 차 있는 방광을 비워 주는 것이 우리들의 임무였다.

그런데 문제는 이렇게 힘든 상황인데도 삵의 공격성이 사라지지 않아 사람이 다가가기만 해도 이빨을 사납게 드러내며 위협한다는 것이었다. 맹수인 삵은 치료를 하려면 어떤 의료적 처치라도 사전에 반드시 마취를 해야 한다. 마취를 하면 뻣뻣하게 경직된 근육이 이완되어 뒷다리근육을 주물러 주는 물리치료도 수월하게 할 수 있다.

매일 삵과 함께하는 일상이 시작되었다. 마취를 한 후 더러워진 엉덩이와 다리를 씻겼다. 배를 눌러 방광을 비운 다음 따뜻한 바람으로 보

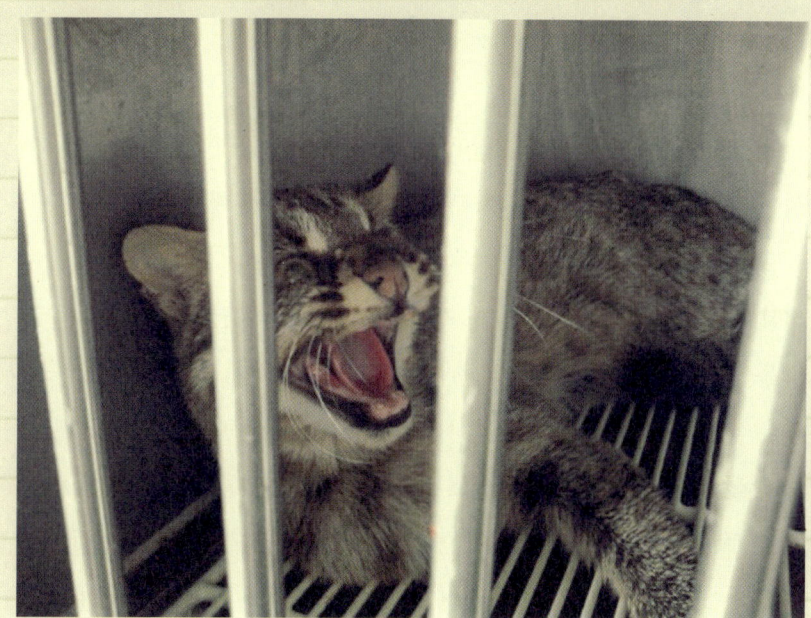
입원실에서도 공격성을 잃지 않은 삶.

송보송하게 말렸다. 마지막으로 다리와 엉덩이 근육을 마사지해 주면 끝. 매일 하루도 빠짐없이 이어지는 삶과의 대장정이 시작되었고, 삶도 그 힘든 시간을 꾸준히 버텨 주었다.

  상상할 수 없을 정도의 고통을 견뎌내면서도 녀석은 먹이를 줄 때면 왕성한 식욕을 보였다. 마비된 뒷다리를 주물러 줄 때면 죽음이 녀석의 코앞까지 다가온 것 같아 슬픔이 밀려왔다가도 먹이통을 싹싹 비워 내는 모습을 보면 아직 강한 생명력이 가득 차 있는 것 같아 안심이 되었다. 내심 재활치료가 끝나고 나면 삶이 펄펄 뛰어서 자연으로 돌아갈 날이 오지 않을까 기적을 바라기도 했다. 녀석은 그렇게 삶과 죽음을 동시에 살고 있었다.

기적을 기다리며

삵이 병원에 들어온 지 3개월 정도 지났을 무렵 놀라운 일이 일어났다. 삵이 자꾸 뒷다리 쪽을 쳐다보고 움직이려는 시도를 했다.

"조금씩 신경이 회복되고 있는 건 아닐까?"

신경은 한 번 손상되면 다시 재생되지 않음을 알면서도 실낱같은 희망을 놓을 수 없었다. 녀석의 눈은 여전히 광채로 빛났고 지나가는 사람들을 위협하는 표정은 간담을 서늘하게 하는 맹수의 위엄 그 자체였기 때문이다. 녀석의 작은 변화에 모두 들뜬 모습이었다.

"휠체어를 사 주는 건 어떨까?"

삵의 앞다리는 정상이기 때문에 휠체어가 있으면 잘 다닐 수 있을 것 같았다. 그래서 우리는 인터넷으로 동물용 휠체어를 검색하기 시작했다. 삵에게 딱 맞는 휠체어가 있으면 녀석이 다니고 싶은 곳 어디라도 다닐 수 있겠다는 생각이 들어서 신이 났다. 삵이 휠체어를 타고 병원 뒷마당을 달리는 기분 좋은 상상을 하기도 했다.

삶도 고통도 끝나다

하지만 삵의 죽음을 전해 들은 오늘, 한 생명의 삶과 죽음은 우리 손에 있지 않음을 깨달았다. 삵의 사인은 장기간의 배뇨곤란으로 인한 만성 신부전이었다.

생명의 기운으로 가득 찬 삵의 표정이 아직도 이렇게 생생한데, 녀석이 이 세상에 없다는 것이 이상했다. 삵의 죽음이 비현실적으로 느껴져 슬

품도 느껴지지 않았다. 우리가 품었던 기적에 대한 희망은 욕심이었나? 마음 깊은 곳에서 이유를 알 수 없는 울화가 치밀어 올랐다. 사람이 만든 도로에서 삵이 죽을 이유 따위는 처음부터 없는 것 아닌가.

'사고를 당하던 날 삵은 도로를 건너 어디로 가고 싶었을까?'

'가족이 있지 않았을까? 지금도 삵이 돌아오기를 기다리고 있지 않을까?'

'삵은 자신에게 달려오는 차를 왜 피하지 못했을까?'

이런저런 생각으로 쉽게 마음이 진정되지 않았다. 단 한 가지 다행스러운 것은 녀석의 삶이 끝나면서 고통도 함께 끝났다는 것이다. 이젠 고통 없는 곳에서 부디 행복하기를 바라는 것이 우리가 삵을 위해 할 수 있는 마지막 일이다.

"미안해. 다음 생에는 더 넓고 푸른 벌판에서 자유롭게 뛰어다니고 행복하렴."

뒷다리를 쓰지 못해
스스로 자세를 바꾸지 못한다.

삵

ⓒ 김연수

　삵과 비슷한 외모의 동물은 고양이다. 고양이는 사람에게 몸을 부비고 애교를 떨기도 하지만 갈대밭이나 높은 덤불 주변에서 본 고양이에게 그런 행동을 기대해서는 안 된다. 그것은 고양이가 아니라 삵일 가능성이 매우 높기 때문이다.

　삵은 고양이과에 속하는 야생동물이지만 현재 한국에서 반려동물로 살거나 길에서 만나는 고양이와는 혈연관계가 없다. 삵은 한반도를 비롯해 러시아 연해주에서 파키스탄까지 동아시아에 분포하는 야생동물인 반면 우리나라의 고양이는 이집트 원산의 야생고양이가 반가축화된 다음 중국을 거쳐 한반도로 유입된 동물이다. 삵과 고양이는 외형이 상당히 비슷해 구분하기 쉽지 않지만 삵은 귓바퀴 뒤편에 흰색 반점이 있다. 이것으로 고양이와 삵을 구분할 수 있다.

　삵이 맹수라 크고 위협적인 동물이라 생각하는 사람도 있지만 사실 삵은 일반적인 맹수의 이미지와는 조금 다르다. 몸집도 그리 크지 않고 장난기와 호기심이 많은 동물이다. 의식하지 못한 채 우연히 삵의 영역에 들어갔다가는 삵의 관찰대상이 될 수도 있다. 심지어 사람을 슬며시 따라다니기도 한다. 삵은 야행성으로, 낮에는 대부분 숨어서 지내지만 밤이 되면 활발하게 활동한다.

　삵은 야산과 하천을 낀 농경지, 넓은 습지와 인접한 농경지 주변을 좋아한다. 하지만 우리나라에서는 겨울철 대도시 근교의 숲에서도 삵을 관찰할 수 있다. 또한 삵은 영역성이 매우 강하다. 자신의 영역을 표시하기 위해 소변을 주변 나무에 뿌리는 경우도 있지만 동물들이 다니는 길 한가운데 똥을 누는 경우도 있다. 이는 이곳이 자신의 영역임을 의미하는 것이다.

　삵은 우리나라의 고양이과 동물 4종(호랑이, 표범, 스라소니, 삵) 중 유일하게 명맥을 잇고 있는데, 나머지는 모두 멸종되었다. 그래서 체구는 작지만 더 이상 삵을 공격할 수 있는 맹수는 우리나라에 없다. 그만큼 우리나라 생태계의 다양성이 큰 폭으로 줄어들었다는 의미이다.

삵은 먹이를 찾아서 민가에 내려왔다가 잡히는 일이 종종 발생하고 있다. 이런 경우 삵을 구조된 곳에 다시 방생하면 농장 주민들과의 마찰이 일어난다. 삵과 인간의 공존 방법에 대해 많은 고민이 필요한 때이다. 삵은 환경부 지정 멸종위기종 2급으로 지정되어 있다.

삵과 쥐의 기막힌 동거

맹수인 삵에게는 사냥 능력을 유지시키기 위해 살아 있는 쥐를 먹이로 주기도 한다. 육식동물인 삵은 야생에서 생존하려면 반드시 사냥 능력을 갖추고 있어야 하기 때문이다. 그런데 어느 날 특이한 상황이 발생했다.

덫에 걸려 다리절단수술을 하고 겨우 목숨을 건진 삵에게 먹이를 주려고 입원실로 갔는데 안에서 뭔가 작은 움직임이 느껴졌다. 뭐지? 숨을 죽이고 자세히 살펴보니 세상에 전날 먹이로 넣어 준 쥐가 삵의 품에서 잠들어 있는 것이 아닌가. 그 후에도 쥐는 입원실 안에서 자유롭게 오갔고 삵은 그저 바라보기만 했다. 식욕이 없는 것이 아닌가 걱정이 되어 다른 먹이를 넣어주면 그건 잘 먹었다. 그런데 쥐는 다른 쥐를 넣어 줘도 잡아먹지 않았다.

병원 사람들은 삵과 쥐의 기막힌 동거에 대해 원인을 알아보려 애썼지만 명확한 답을 내리기는 어려웠다. 다만 삵의 오랜 병원 생활로 인한 기력 부족이라고 잠정 결론을 내렸다. 이처럼 야생동물은 빠른 치료와 회복을 통해 야생으로 돌려보내지 않으면 이상행동을 보이기 쉽다. 때문에 이를 예방하려면 최대한 야생과 유사하게 계류장 환경을 조성해야 한다.

수달은 귀여운 외모와는 딴판으로

성격이 매우 사나운 편이어서

마취를 하려는 우리에게

으르렁거리면서 사납게 이빨을

드러낼 때면 가끔 억울한 마음이 들었다.

'녀석아! 우리가 그런 게 아니잖아.

덫을 설치한 사람을 미워하라구!'

어미도 잃고 다리도 잃은 전주천 수달

인간이 놓은 덫에 다리를 잡히다

"여기 전주천인데 수달 앞다리에서 피가 많이 나요!"

수질개선으로 몇 년 전부터 전주천에서 수달이 발견되었다는 기사를 본 적은 있지만 실제로 구조 전화가 올 거라고는 생각하지 못했다. 멸종위기종이자 천연기념물인 수달은 포유류이면서 물속에서 생활하는 진귀한 동물이다. 하천 오염으로 서식지가 파괴되면서 숫자가 급격히 줄어들고 있어서 마음이 더 다급했다. 조금만 버텨 줘!

도착해 보니 전주천변 갈대가 있는 늪지대에 새끼 수달이 지쳐 쓰러져 있었다. 오른쪽 다리가 덫에 걸려 있었다. 덫에 걸린 다리를 끌고 하천으로 도망가려고 얼마나 발버둥 쳤는지 핏자국이 선명했다. 덫이 주변의 바위에 걸려 꼼짝 하지 않자 몸부림을 치다가 발이 더 처참하게 찢긴 것 같았다. 우리를 보자 수달은 더 발버둥 쳤고 덫은 점점 더 단단하게 수달을 옥죄었다. 상처가 깊은데 진흙까지 묻어서 한눈에 보기에도 심각한 상황이었다.

조심스럽게 다가가 포획 그물로 몸을 덮어 움직이지 못하게 한 뒤 수건으로 얼굴을 가렸다. 그러고는 덫을 제거하려는데 쉽지 않았다.

"여기 좀 도와줘. 몇 명 더 필요해."

여러 사람이 힘을 모은 다음에야 겨우 열 수 있을 정도로 덫의 힘은 강력했다. 그런 덫을 새끼 수달이 혼자 열려고 애썼으니 그 마음이 얼마나 다급했을까. 군데군데 녹이 슬어 있는 덫을 새끼 수달의 발에서 겨우 벗겨냈다.

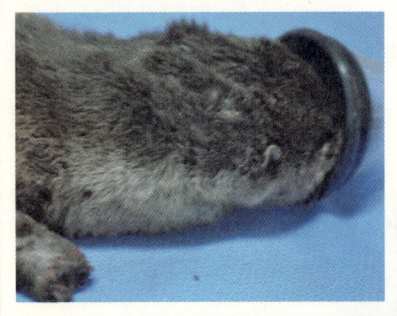

기초 검사를 위해 마취 중이다.

수달의 발을 옥죄였던 덫.

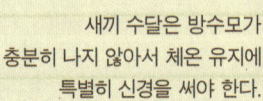

새끼 수달은 방수모가 충분히 나지 않아서 체온 유지에 특별히 신경을 써야 한다.

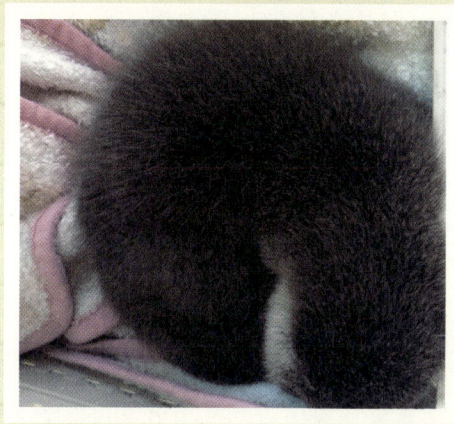

새끼 수달을 구조한 후
이동할 때는 이동장에 부드러운
담요를 깔아 체온이 떨어지지
않도록 해야 한다.

덫을 제거한 후 수달의 몸을 담요로 감싸서 이동장에 넣었다. 이동장에도 부드럽고 푹신한 담요를 깔아 체온이 떨어지지 않도록 했다. 수중 포유류인 수달의 몸에는 짧은 털이 빽빽하게 나서 방수 기능을 하는데 새끼 수달의 경우는 방수모가 충분히 나지 않아서 오랫동안 물에 젖어 있을 경우 체온이 떨어져 위험해질 수 있기 때문이다.

급박하게 진행된 다리절단수술

야생동물병원에 도착한 수달은 갑작스런 부상과 낯선 환경에 신경이 곤두섰는지 사람만 보면 으르렁거리며 물려고 했다. 동화책에서 막 튀어나온 듯 통통한 복에 동글동글 작고 새까만 눈, 귓바퀴가 작은 귀여운 얼굴을 하고서 저렇게 화를 내다니……. 하긴 처참한 수달의 발을 보면 그 마음이 충분히 이해가 갔다.

우선 수달의 몸 상태를 살피는 게 급선무였다. 서둘러 마취를 하고 상태를 꼼꼼히 살폈다. 덫에 걸려 있던 오른쪽 발목은 처참했다. 발목의 뼈는 거의 으스러져 있었고 근육은 갈기갈기 찢겨 간신히 피부와 연결되어 덜렁거렸다. 순간 잔뜩 녹이 슬어 있던 덫이 생각났다.

"덫에 녹이 잔뜩 슬어 있었어요."

그렇다면 파상풍으로 위험할 수도 있다. 덫뿐만 아니라 진흙과 오물도 다친 부위에 잔뜩 묻어 있었던 터라 심각한 세균감염으로 이어질 수 있어서 그야말로 위급한 상황이었다. 엑스레이를 찍어 보니 으스러진 뼈를 다시 붙이는 것은 불가능했다.

"절단수술밖에 방법이 없겠어요."

의료진은 고민 끝에 수술을 결정했다. 염증이 심각해져 전신으로 독소가 퍼지는 것을 막고 나머지 신체 기능을 유지해서 생명을 보존하는 것이 더 중요하다고 판단했다.

일단 판단이 서면 지체할 시간이 없다. 서둘러 수술 준비에 들어갔다. 마취를 하고 클리퍼로 수술 부위의 털을 밀기 시작했는데 상처가 있는 부위는 힘들었다. 클리퍼의 날에 털과 피가 엉겨붙어 밀리면서 괴사된 상처 부위가 벗겨지기도 했다. 수달이 얼마나 고통스러울지 느껴져 얼굴이 찡그려졌지만 그렇다고 대충해서는 안 된다. 수술 부위에 털이 남아 있으면 상처 부위를 자극하고 염증을 일으킬 수 있기 때문이다. 최악의 경우, 수술한 봉합 부위가 터져 재수술을 할 수도 있으므로 마음을 굳게 먹고 꼼꼼히 털을 밀었다.

다행히 수술은 무사히 끝났다. 출혈이 많고 오염이 심각했던 수달의 앞다리는 상처 부위보다 훨씬 위쪽인 어깨관절 바로 밑부분에서 절단했다. 상처가 난 다리 끝만 절단하지 왜 그렇게 많이 자르는지 이해 못할 수도 있지만 이게 다 수달을 위한 것이다. 수술 후 분명 수달은 다리가 잘린 것을 인식하지 못하고 잘린 부분으로 걸으려고 할 텐데 그때 절단 부위가 바닥에 닿아 마찰이 생기면 수술 부위가 덧나 회복이 더 어려워진다. 그래서 절단된 다리를 바닥에 딛으려는 시도를 하지 못할 정도로 충분하게 절단하는 것이 다리절단수술에서 중요하다.

마취에서 깨어나 다리 하나를 잃은 것을 알게 되면 새끼 수달의 마음이 어떨까? 마취에서 깨어나지 않은 수달의 얼굴은 평온해 보였지만 곧 마취에서 깨어 통증을 느끼기 시작할 녀석 생각에 쉽게 수술실을 떠나지 못했다.

우리가 그런 게 아니잖아!

수술이 끝난 다음 날부터 수달의 붕대를 갈아주는 고역이 시작되었다. 수달은 귀여운 외모와는 딴판으로 성격이 매우 사나운 편이어서 마취를 하려는 우리에게 눈에 쌍심지를 켜고 달려들었다. 녀석이 으르렁거리면서 사납게 이빨을 드러낼 때면 가끔 억울한 마음이 들었다.

'녀석아! 니 마음은 알겠는데 우리가 그런 게 아니잖아. 우리 말고 덫을 설치한 사람을 미워하라구!'

하지만 수달의 입장에서 생각해 보면 어쨌든 녀석의 앞다리를 절단한 사람은 우리였다. 그것도 모자라 매일 마취를 하고, 붕대를 풀었다 감았다 하고, 따갑고 아프게 소독하는 것도 우리였다. 입장을 바꿔 놓고 생각해 보니 녀석이 우리를 미워하는 것이 당연했다.

게다가 다친 수달은 아직 많이 어린 새끼이다. 수달은 보통 1~2월에 짝짓기를 한 후 임신 기간 63~70일을 지나 4~5월쯤 출산을 한다. 그리고 생후 6개월 동안은 어미와 함께 지내야 하는데 수달이 구조된 것이 7월이니 아직 어미와 함께 지내며 헤엄치는 방법, 먹이를 사냥하는 방법 등을 배워야 할 시기이다. 따뜻한 어미 품에서 어리광을 피울 수달이 몹쓸 덫에 걸려 다리도 잃고 가족도 잃었으니 그 마음이 오죽할까. 뭉클한 마음에 더 따뜻하게 대해 줘야겠다고 다짐하지만 수달과의 생활은 쉽지 않았다. 붕대를 풀기 위해 잡을 때마다 매일매일이 전쟁이었다.

"거기, 거기, 잡아. 앗, 또 놓쳤어."

수달은 미꾸라지처럼 도망가고 우리는 놓치기 일쑤였다. 수영선수인 수달의 몸은 쉽게 잡히지 않는 구조일뿐만 아니라 수달의 날카로운 이빨에 물리지 않으려고 두꺼운 보호장갑까지 끼고 있으니 쉽게 잡힐 리가 없었다. 담요로 덮어도 안 되고, 포획용 장비로도 안 되고, 결국 그물망을 이용해서야 겨우 잡곤 했다.

이런 힘든 과정이 반복되면서 2주일 정도 지나자 수달의 상처가 눈에 띄게 좋아지고 녀석도 기운을 차려갔다. 그런데 문제는 기운을 차려감과 동시에 사람에 대한 공격성이 점점 더 강해진다는 것이었다. 정말 대단한 녀석이다.

한 발로 하는 사냥이 어렵지?

수달은 점차 좋아졌다. 살아 있는 미꾸라지는 잘 잡지 못해도 닭고기로 만든 캔 사료와 기절한 미꾸라지를 넣어주면 주는 대로 잘 먹었다. 체중도 조금씩 늘었다. 상처가 나아가니 빨리 녀석의 야생성을 되찾아줘야 한다는 생각에 마음이 바빴다.

 수달은 먹이를 잡거나 위험을 피하려고 물에 들어가지만 보통은 물가의 바위틈이나 굴에서 산다. 그래서 최대한 자연과 비슷한 환경을 만들어 주기 위해 큰 수조에 미꾸라지를 풀어놓았다. 다른 한쪽에는 쉬거나 몸을 숨길 수 있는 바위를 놓고, 젖은 몸을 말릴 수 있도록 열등도 설치했다. 한쪽 발이 없기 때문에 나머지 한쪽을 자유자재로 사용할 수 있도록 계속 유도했다. 거기에 수달의 생존 여부가 달려 있으니까.

 그런데 새로 꾸며 준 환경이 낯설었던 것일까? 처음에 수달은 바위 뒤 어두운 곳에 숨어서 나오지 않았다. 그래서 걱정되는 마음에 CCTV를 확인해 보니 녀석은 사람들이 사라진 뒤에야 모습을 보였다. 사람들이 사라지고 주변이 어두워지자 수달은 조심스럽게 수조로 들어가서 미꾸라지와 한바탕 씨름을 벌였다. 아직 한쪽 앞다리로 사냥하는 것이 힘들어 보였지만 걱정했던 것보다 수달은 힘찼다.

 "저것 봐. 자식, 편하게도 잔다."

 CCTV를 통해 본 수달은 수조에서 장난도 치고, 열등 밑 바위 위에 편하게 누워 잠도 잤다. 벌러덩 누워서 배를 보이고 자는 모습을 보며 우리는 모여서 한바탕 웃기도 했다. 수달은 기특하게도 어려운 고비를 잘 넘기고 있었다.

 수달의 건강이 회복되었다고 해도 한쪽 다리가 없는 수달을 자연으로 방생할 수는 없었다. 물고기, 개구리, 물새 등을 잡아먹고 사는 수달은 먹이를 구하기 위해 반드시 사냥을 해야 하는데 다리가 하나뿐인 것은

야생동물병원에 있던 또 다른 새끼 수달.
이처럼 앞발로 미꾸라지를 잡고 먹어야 하는데 앞다리 절단수술을 한 수달은 쉽지 않다.

사냥에 심각한 장애이기 때문이다. 쑥쑥 커가는 귀여운 수달을 매일 보는 것이 즐거웠지만 우리 병원은 수달이 마음껏 헤엄칠 수 있는 공간이 없었기 때문에 계속 보호하기는 힘들었다.

그러던 중에 다행히도 강원도 화천에 있는 한국수달연구센터와 연락이 닿아 수달을 그곳으로 보내게 되었다. 그곳에는 수달이 마음껏 헤엄칠 수 있는 연못과 넓은 보금자리가 있고 수달이 좋아하는 다양한 먹이도 풍부하게 제공된다. 수달을 위해서는 최선의 선택이었다.

수달이 떠나던 날 우리는 녀석이 좋은 곳으로 가니 기쁘면서도 더 이상 이 귀여운 녀석을 볼 수 없다는 생각에 아쉬웠다. 열등 밑에서 배를 보이고 누워 털을 말리는 모습에 얼마나 웃었던가. 귀여운 수달의 모습을 보는 게 힘든 병원 생활 중 낙이었는데 말이다. 그래도 더 좋은 곳에서 다른 수달과 행복하게 살 수 있으니 우리의 아쉬움쯤은 아무것도 아니다. 인간에 의해 다리도 잃고 어미도 잃은 수달이 그곳에서는 오래오래 행복하기를!

수달을 지켜보며 사실 많이 배웠다. 사람에게서 받은 상처와 아픔이 컸음에도 불구하고 힘든 과거 따위는 금방 잊고 장난도 치며 즐겁게 사는 수달을 보며 인간도 저렇게 살 수 있으면 좋겠다고 생각했다. 금방 죽을 것 같던 녀석이 고비를 이겨내고 새로운 삶을 찾아 떠나는 그 생명력이란! 조만간 병원 식구들과 이사 간 수달을 보러 한국수달연구센터로 나들이를 계획해 봐야겠다.

"그동안 고생 많았다. 다시 볼 때까지 지금처럼 씩씩하게 잘 지내렴!"

수달

　애니메이션 속 보노보노는 수달일까? 해달일까? 해달과 수달은 생김새가 거의 같아 구별이 어렵다. 그런데 이 질문에 대한 답은 보노보노가 들고 다니는 조개에 있다. 조개, 소라 등의 갑각류를 주로 먹는 동물은 해달이다. 해달은 도구를 사용할 수 있어서 껍데기가 있는 먹이는 돌을 망치처럼 이용해서 껍데기를 분리해 내기도 한다. 수달과의 가장 큰 차이점은 항문 쪽에 악취를 내는 샘조직이 없다는 것이다.
　수달은 주로 물고기, 개구리, 설치류, 곤충, 새 등을 먹는다. 강이나 바다 등 물가를 따라 서식하는데 바위틈이나 굴에서 휴식을 취한다.
　털색은 암갈색이고 몸 아랫부분은 다소 옅은 갈색, 턱 아랫부분은 흰색을 띤다. 납작하고 둥근 머리, 둥근 코와 작은 귓바퀴를 가지고 있으며 눈은 머리 위쪽에 붙어 있고 작은 편이다. 물속으로 잠수해 들어갈 때 콧구멍이나 귓구멍에 물이 들어가지 않도록 막아주는 근육이 있다. 입 주변에는 수영하기 편하도록 안테나 역할을 하는 수염이 있고, 치아 중 송곳니가 특히 발달했다.
　몸 전체에 짧은 털이 빽빽하게 나 있고 체형은 물속에서 생활하기에 알맞게 유선형이다. 발가락 사이에 갈퀴가 있다. 물에서는 빠르지만 다리가 짧아 땅 위에서의 동작은 느린 편이다. 전체 몸길이의 3분의 2에 이르는 긴 꼬리를 갖고 있는 것이 특징이다.
　겉보기에는 귀엽고 온순해 보이지만 사나운 성격으로 자연하천 먹이사슬의 정점에 있다. 그래서 세계자연보전연맹에서는 '수달은 해당 지역 수생환경의 건강도를 판단할 수 있는 수생환경의 지표종'이라고 말한다.

한때는 우리나라 전역에서 흔히 볼 수 있었던 동물이지만 강장제나 모피를 위한 과도한 남획으로 개체수가 급감했고, 최근에는 수질오염과 해안가 공사 등으로 인한 서식지 파괴로 수가 줄고 있다. 천연기념물이자 멸종위기종 1급이다.

수달이 줄어드는 이유와 대책

수달의 수가 줄어드는 원인은 하천 환경의 개선을 목적으로 시행되는 하천정비사업이다. 수달은 스스로 집을 만들기보다는 자연하천에 있는 큰 바위 틈새나 나무뿌리를 주요 보금자리로 선택해서 살아간다. 그런데 하천에 제방을 쌓거나 하천변을 콘크리트로 막는 보수사업을 하면 수달은 서식지를 잃게 된다. 지금 같은 인공적인 하천정비사업은 수달은 물론 다양한 생물이 공존하는 수변 환경을 말살하는 것과 같다.

수달의 생존을 위협하는 또 다른 요인으로는 그물을 이용한 고기잡이를 들 수 있다. 수달이 그물에 걸려 있는 물고기를 먹으려고 접근했다가 그물에 걸려 빠져나오지 못해 익사하는 것이다. 수달은 물속에서 4분 이상 견디지 못하는 동물이기 때문이다. 하천을 따라 오르내리며 사는 수달의 특성상 지금처럼 그물이 많이 깔려 있다면 수달의 개체수 감소는 막을 수 없다.

그렇다면 수달을 보호하는 방법으로는 어떤 것이 있을까? 일단 통발어망에 빠져 익사하는 수달이 많으므로 어망 주변에 격자를 세우는 등의 방법으로 수달이 그물에 들어가는 것을 원천적으로 막아야 한다. 또한 하천변 도로에서는 수달 로드킬이 많이 발생하므로 수달이 사는 곳에는 수달의 서식지임을 알리는 표지판이나 반사경을 설치하는 것이 도움이 된다.

밀렵꾼에 의한 총상이었다.

날개는 총알에 뚫려 날카로운 뼈가 튀어나온

상태에서 피가 계속 흐르고 있었다.

독수리는 상처의 고통에 비명을 지르면서도

사람에게 위협을 가했다.

총상으로
날개를 잃은
독수리

탕! 탕! 탕! 탕!

깊은 밤 여러 발의 총성이 울리고 황급한 날갯짓 소리와 함께 새들의 비명이 들린다.

'끼아악 끼아악 끼아악.'

밀렵꾼의 총에 당하다

야생동물병원에 전화가 걸려왔다.

"여기 산에 독수리가 있어요."

긴급히 달려가 보니 독수리는 한쪽 날개를 땅으로 늘어뜨리고 있었다. 상처를 입은 듯한데 다가가려고 하면 독수리는 멀쩡한 다른 날개를 쫙 펴서 위협했다. 상처의 고통에 비명을 지르면서도 경계하는 모습이 안타까웠다.

  말똥가리나 황조롱이 같은 중소형 조류는 수건, 담요로도 잡을 수 있지만 독수리처럼 대형 조류는 쉽게 다가가기가 어렵다. 상황을 살피다가 큰 이불을 이용해서 머리부터 재빨리 덮고는 겨우 이동장에 넣었다.

  병원에 도착해서 마취를 시킨 후 상처 부위를 살펴보았다. 생각대로 상황이 심상치 않았다.

  "총상이네."

  밀렵꾼에 의한 총상이었다. 오른쪽 날개는 총알에 뚫려 날카로운 뼈가 튀어나온 상태에서 계속 피가 흐르고 있었다. 엑스레이를 찍어 보니 날개는 부러졌고, 총알은 뼈를 완전히 관통한 듯 총알 파편만 확인되었다.

  독수리의 상태는 심각했다. 총알이 관통해 뼈가 조각조각 부러졌고, 상처 주위 근육은 이미 썩어 있었다. 썩은 피부 부위가 생각보다 넓어서

총상을 입은 독수리의 엑스레이 사진.

독수리 보정 모습. 위에서 꽉 누르며 발목을 잡는다. 크고 날카로운 발톱이 위협적이다.

방치될 경우 골수염으로 진행되어 독수리의 목숨이 위험할 수 있는 상황이었다. 의료진은 논의 끝에 날개 절단을 결정했다.

날개가 없어도 독수리는 독수리

 수술은 잘 끝났는데 의외의 난관이 우리를 기다리고 있었다. 바로 독수리의 붕대를 갈아주는 일! 아무리 수술이 잘 되어도 수술 후에 상처 부위가 깨끗하지 않으면 염증이 생겨 덧나게 마련이다. 그래서 상처가 빨리 아물려면 독수리의 붕대를 지속적으로 갈아줘야 하는데 힘이 엄청난 독수리의 붕대를 가는 일은 생각만큼 만만하지 않다.
 독수리 같은 맹금류의 붕대를 갈아주려면 마취를 해야 하는데 마취를 하려면 먼저 보정을 해야 한다. 동물을 움직이지 못하게 잡는 것을 보정이라고 하는데 혼자 거대한 독수리를 보정할 수는 없다. 독수리가 날개를 펴고 일어서려고 하기 때문이다. 성인 둘이서 힘을 합해야 겨우 보정이 되는데 그나마도 잠시라도 긴장을 늦추면 독수리의 힘에 밀려 금방 보정이 풀린다.
 "가렸으니까 얼른 다리 잡아!"
 상황이 급박하게 돌아갔다. 한 사람이 이불로 독수리의 얼굴을 가려 날개를 펴지 못하게 고정한다. 동시에 다른 사람은 독수리 발 위쪽의 발목을 잡아야 한다. 두 사람이 함께 잡고 있어도 독수리가 힘을 줄 때마다 식은땀이 흐른다. 실제로 굵고 날카로운 독수리의 발톱을 보면 보정 작업의 어려움을 토하는 것이 엄살이 아님을 알 수 있다. 그래서 보정하는 사람들은 절대 긴장의 끈을 놓아서는 안 된다. 보정은 수의사와 보정자의 안전을 위한 것이기도 하지만 퍼덕이다가 다칠 수 있기 때문에 독수리의 안전을 위한 것이기도 하다. 맹금류는 두 다리가 바닥에 닿지 않으면 불안하기 때문에 잡히는 대로 꽉 쥐려고 하는데 무엇이든 한 번 움켜쥐면 절대 놓치지 않는 발톱 잠금 장치가 있어서 보정이 더욱 위험하다.

겨우 보정한 독수리에게 마취를 하고 나면 깨어나기 전에 모든 일을 마쳐야 하니 숨 돌릴 틈 없이 재빨리 일을 진행해야 한다. 날개를 감싸고 있는 붕대를 제거하고, 날개를 절단한 부위의 염증을 확인하고, 소독한 후 약을 바른 뒤 붕대를 감으면 끝! 이런 과정은 상처가 완전히 아물 때까지 2~3일에 한 번씩 진행되었고, 2주쯤 지나자 어느새 절단 부위가 아물어 보정 소동도 멈췄다. 독수리와의 힘겨루기에 겨우 익숙해졌는데 아쉬운 마음도 들었다.

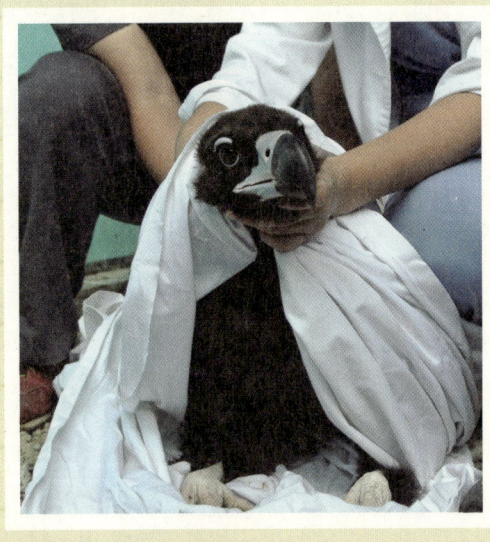

맹금류는 두 다리가 바닥에 닿지 않으면 불안하기 때문에 잡히는 대로 꽉 쥐려 해서 보정이 힘들다. 천으로 얼굴을 가리고 날개를 펴지 못하게 보정하는 모습이다.

수술이 끝나고 붕대를 감은 모습

밀렵 반대를 외치는 도우미가 되다

 다행히 독수리는 상처가 아물고 목숨을 건졌지만 한쪽 날개가 없어서 자연으로 돌려보낼 수 없었다. 스스로의 힘으로 사냥해서 살아갈 수 없으므로 방생이 불가능한 것이다. 어떻게 해야 하나? 독수리는 전 세계적으로 개체수가 적을 뿐만 아니라 우리나라에서도 천연기념물 및 환경부 지정 멸종위기종 2급으로 지정된 동물이다. 그래서 고민 끝에 독수리를 야생동물병원에 남기기로 했다. 병원을 찾는 많은 사람들에게 우

이동장 안의 독수리.
큰 몸집과 위협적인 발톱을 가진 맹금류이지만 표정은 순하고 귀엽다.

리나라의 대표적인 겨울 철새인 독수리에 대해 알리고, 무엇보다 야생동물을 죽음으로 몰아가는 밀렵에 대해 알리는 데 독수리가 큰 역할을 할 수 있다고 판단했기 때문이다.

그래서 지금도 한쪽 날개가 없는 독수리는 넓은 야외 계류장에서 방생을 기다리는 다른 독수리와 함께 생활하고 있다. 다른 독수리처럼 날지 못하고 땅에서만 걷고 뛰어다니는 독수리를 보면 늘 안타깝고, 동글동글하고 커다란 눈을 지켜주지 못해 애처롭고 미안하다.

맹금류의 발톱 잠금 장치

맹금류가 한 번 잡은 먹이를 놓치지 않을 수 있는 것은 발톱 잠금 장치 tendon locking mechanism 덕분이다. 맹금류 발가락 밑에는 작은 돌기가 튀어나온 패드가 있고, 발톱을 구부리는 힘줄은 작고 단단한 주름막에 싸여 있다. 발톱을 구부릴 때마다 막의 주름이 패드의 돌기와 맞물리면서 구부려진 발톱은 쉽게 다시 펴지지 않는다. 이 장치 덕분에 맹금류는 한 번 발톱으로 찍은 먹잇감을 별다른 힘을 사용하지 않고도 놓치지 않는다. 발톱 잠금 장치는 여간해서는 사냥감을 놓치지 않도록 진화된 맹금류의 특징이다.

야생동물 빈국 만드는

밀렵

　겨울 철새인 독수리는 왜 총에 맞았을까? 실제로 우리나라 곳곳에서는 독수리뿐만 아니라 조류, 포유류 등에 대한 불법 밀렵이 비일비재하게 이뤄지고 있다.

　야생동물의 밀렵과 밀거래는 불법이다. 해당 정부부처인 환경부는 지자체, 민간단체와 함께 야생동물 밀렵, 밀거래 방지대책을 내놓고 있고, 2012년 7월 개정된 '야생동물보호 및 관리에 관한 법률'은 야생동물 밀렵 행위의 처벌을 한층 강화했지만 큰 성과를 보지 못하고 있다. 여전히 산에는 수많은 덫과 올무가 설치되어 있고, 불법 소지한 총으로 사냥을 하는 사람들이 있으며, 전문적으로 밀렵 용품을 만들고 밀거래하는 사람들은 단속을 피해 다니고 있다.

　야생동물병원에는 덫에 걸려 피부가 썩어 가는 너구리, 올무에 걸려 질식사한 고라니, 총에 맞아 날지 못하는 동물들이 끊임없이 구조되어 들어온다. 치료를 받아서 살기도 하지만 한 번 덫이나 올무에 걸리거나 총상을 입으면 상처가 심해 치료가 불가능한 경우가 많다. 올무에 걸린 노루가 빠져나오려고 발버둥 치다가 척추뼈가 드러나 골절되고, 신경을 다쳐서 결국 안락사당하기도 한다. 밀렵 감시가 강화되지 않는 한 이런 악순환은 반복될 것이다.

　노루나 삵 등은 덫에 걸려 다리를 잃거나 안락사를 당하는 등 밀렵으로 인해 그 수가 줄어들고 있다. 주된 밀렵 방식은 총기이지만 산 곳곳에서 올무, 덫 등이 발견되며 최근에는 독극물이나 사냥개 등을 이용하여 밀렵을 하기도 한다.

　밀렵꾼들은 주로 꿩, 멧돼지, 고라니 등을 노리지만 천연기념물이

덫에 걸린 너구리.

나 멸종위기종이 희생되는 일도 많다. 밀렵을 하다가 적발되면 최고 3년 이하의 징역 또는 1000만 원 이하의 벌금 또는 최저 100만 원 이하의 과태료 처분을 받는다. 하지만 벌금이 밀렵을 통해 판매되는 동물의 가격보다 낮기 때문에 밀렵을 감소시키는 데에는 큰 도움이 되지 못한다. 또한 밀렵, 밀거래 감시단의 수가 밀렵꾼의 수에 비해 턱없이 부족하기 때문에 밀렵꾼들이 적발될 가능성도 적다.

만일 밀렵을 하는 사람을 발견하거나 올무, 덫 등의 밀렵 도구를 발견한다면 바로 가까운 경찰서나 해당 지자체에 신고한다. 올무, 덫 등의 밀렵 도구를 사진으로 찍어 전해 주는 것도 좋다.

2000년과 2001년 《세계자원보고서》에 따르면 우리나라는 국토 2킬로미터당 야생동물수가 95종으로, 155개국 중 131위로 야생동물 빈국에 속한다. 이는 서식지의 감소와 밀렵, 밀거래로 인한 야생동물수의 감소가 가장 큰 원인이다. 이대로 밀렵·밀거래가 계속 이루어진다면 우리나라 야생동물수는 점점 줄어들고, 천연기념물이나 멸종위기 동물은 사라질 것이다. 야생동물을 사람과 공존해야 하는 생명으로 인식하고 하루빨리 밀렵 행위에 대한 단속이 강화되어야 한다.

독수리

　새의 제왕을 꼽으라고 하면 사람들은 대부분 많은 맹금류 중에서도 독수리를 꼽는다. 실제로 독수리는 맹금류 중 가장 큰 대형종이다. 머리와 윗목은 깃털이 덮여 있지 않고 피부가 노출되어 있다. 독수리는 겨울이 되면 먹이를 구하기 위해 무리를 지어 우리나라에 오는 겨울 철새이지만 제주도 산간에는 연중 관찰되기도 한다. 우리나라에서 관찰되는 수리류는 총 8종인데 그중 4종인 독수리, 검독수리, 참수리, 흰꼬리수리는 천연기념물로 지정되어 있다.

　현재 독수리는 전 세계적으로도 그 수가 적어 국제적으로 보호하는 종이다. 세계적으로 1만 4,400~2만여 마리가 남아 있는 것으로 추정되고 있다. 주로 산림 파괴, 산림 방화와 독극물중독, 먹이 부족에 의해 개체수가 많이 줄어들었다. 우리나라에서는 천연기념물, 환경부 지정 멸종위기종 2급으로 지정되었다.

　큰 부리와 어두운 색의 멋진 깃털은 독수리가 하늘의 제왕임을 증명한다. 독수리는 주로 철원이나 파주 등에 서식하고, 큰 하천 부근이나 습지 등에서 볼 수 있다. 주로 죽은 동물의 사체를 먹으며, 작은 무리를 이루지만 먹이가 있는 곳에는 다수의 무리가 보이기도 한다. 몸집이 둔하고 움직임이 느린 편이어서 까치나 까마귀 등에게 쫓기기도 한다.

총상으로 날개를 잃은 독수리

날카로운 발톱과 부리를 보고

겁먹음직도 한데 아이들은 신기한 듯

말똥가리 곁을 떠나지 못했다.

이렇게 야생동물을 직접 보는 시간이 아이들에게는

평생 잊지 못할 추억이 될 것이다.

도사 말똥가리의 교육조 활동은 합격이다.

인간의
친구가 된 야생동물
말똥가리

백내장 수술을 결정하다

　오늘도 말똥가리는 따뜻한 햇볕을 쬐며 병원 주변의 횃대에 앉아 꾸벅꾸벅 졸고 있다. 저렇게 팔자 좋은 말똥가리가 또 어디에 있을까. 지나는 사람들도 새를 새장에 가두지 않고 이렇게 밖에 두면 날아가지 않느냐고 묻는다.
　"이 새 종류는 말똥가리고요, 눈이 잘 안 보여서 멀리 날아가지 못해요. 그래서 그냥 둬도 됩니다."
　입 앞에 가져다주는 먹이를 맛있게 받아먹는 모습이 야생성이라고는 찾아볼 수가 없다. 말똥가리가 이래도 되나? 야생동물병원에는 이 말똥가리처럼 장애가 생겨서 자연으로 돌아가지 못하는 동물이 여럿 있다. 야생에서는 생존이 어려우니 사람과 함께 사는 삶을 선택하게 된 동물들이다.

　말똥가리는 지난 겨울에 야생동물병원에 왔다. 고층 건물 유리창에 부딪혀 바닥에 떨어져 있는 것을 지나가던 행인의 신고로 구조되었다. 외상이 있는지, 날개는 잘 펴지는지 간단한 기본 검사를 하는데 말똥가리가 조금 멍해 보여 이상했다. 혼자 서지도 못하고 세워 놓으면 계속해서 한 방향으로 넘어졌다.

　멍해 보이고 중심도 제대로 못 잡는 것이 유리창에 부딪힌 후유증인가 싶어 머리 쪽을 유심히 관찰해 보니 눈이 부어 있고 피가 보였다. 그래서 정밀 검사를 실시했다. 눈이 탁한 쪽은 백내장, 나머지 한쪽은 충돌 당시의 충격으로 시력을 잃은 상태였다. 그래서 한쪽의 시력이라도 회복시키기 위해 백내장수술을 결정했다.

안락사시켜야 할까?

　백내장수술은 성공적이었다. 말똥가리는 수술 이후 부기가 빠지고 전처럼 비틀거리는 것도 없이 횃대에 똑바로 앉았다. 그러나 예전에 힘차게 날아다니던 때를 생각하는 것일까. 말똥가리는 가만히 명상에 잠기는 시간이 늘었다. 그래서 우리가 붙여 준 이름이 '도사 말똥가리'.

　말똥가리가 야생에서 사냥을 하며 살아가려면 무엇보다 시력이 중요하다. 따라서 시력을 잃은 녀석을 자연으로 돌려보내는 것은 무리였다. 심각한 장애로 야생에서 먹이를 사냥하는 데 문제가 있어서 결국 굶어죽을 것으로 판단되면 인도주의적 차원에서 안락사가 고려되기도 한다.

하지만 살아 있는 생명의 빛을 직접 끈다는 것은 누구에게나 어려운 일이다. 힘든 결정의 시간이 지나가고 있었다. 수의사란 아픈 동물을 치료하고 살리는 직업인데 안락사를 결정해야 하다니…….

"이건 어떨 것 같아?"

누군가 의견을 냈다. 병원의 교육조로 함께하는 것이 어떻겠냐는 것이었다. 조류는 포유류에 비해 훈련이 쉬운 편이고 특히 이 말똥가리는 맹금류답지 않게 부드러운 성격이니 교육조로 활용할 수 있는 가능성이 충분해 보였다. 교육조는 병원을 찾는 일반인들에게 야생동물에 대해 교육할 때 조교 역할을 하며 함께하는 동물을 말한다. 모두 찬성의 표시로 고개를 끄덕였다.

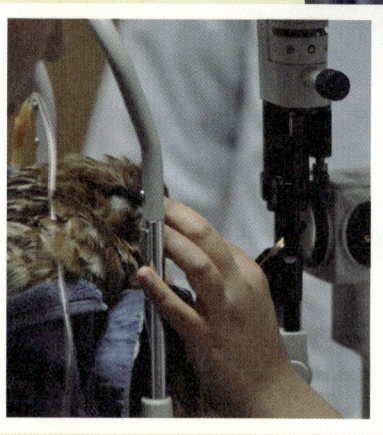

눈 검사를 받는 말똥가리.

백내장수술을 받고 있다.

교육조 말똥가리의 맹활약

　어린이날, 말똥가리가 교육조로 첫선을 보였다. 매년 어린이날이면 야생동물병원은 어린이 예비 수의사 선생님으로 가득 찬다. 지역 초·중학생을 대상으로 한 일일 어린이 야생동물 수의사 체험 행사를 하기 때문이다. 이 행사에서 말똥가리가 교육조로 처음 활약을 했다. 야생동물병원 식구들은 점잖던 말똥가리가 낯선 사람 앞에서 어떨지 걱정이 되었다. 이런 걱정을 아는지 모르는지 도사 말똥가리는 여전히 횃대에 앉아서 명상에 잠겨 있다.

　병원에서는 어린이들이 수의사에 대한 꿈을 갖고, 특히 야생동물과 야생동물 수의사에 대해 관심이 생겼으면 하는 마음에 매년 행사를 진행하고 있다. 병원에 도착해 명찰을 달고 하얀 가운을 입으면 아이들 얼굴에 벌써 웃음이 번진다. 어린이들은 처치실, 입원실, 방사선 촬영실, 수술

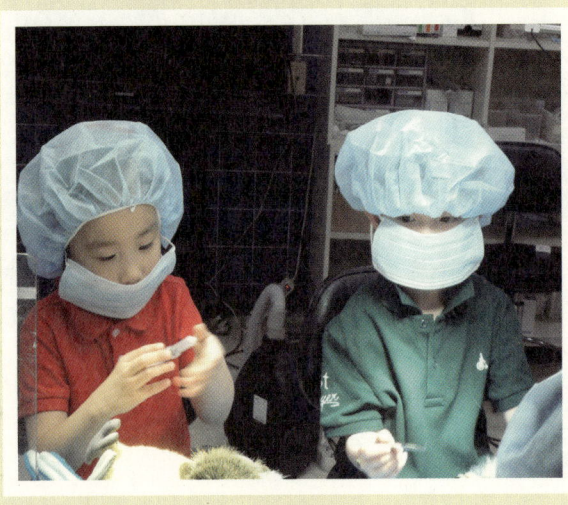

수술실에서
마스크와 캡을 착용한
어린이 수의사들.

실, 야외 계류장 등 여러 곳을 다니면서 청진도 하고, 붕대도 감아 보면서 수의사의 일상을 체험한다.

　올빼미, 황조롱이, 수리부엉이 등 맹금류와 고라니 등의 포유류를 볼 수 있는 야외 계류장은 아이들이 가장 좋아하는 곳이다. 그곳에서 야생동물병원의 비밀병기, 말똥가리가 횃대에 앉아서 어린이들을 맞는다.

　사진과 영상으로만 보다가 말똥가리를 이렇게 가까이에서 직접 보자 아이들의 집중도가 갑자기 높아졌다. 그러고는 겁도 없이 도사 말똥가리에게 가까이 다가간다.

　긴장의 시간이 흘렀다. 말똥가리가 잘해낼까? 아무리 부드러운 성격이래도 말똥가리는 야생에서 하늘의 왕자라고 불리는 맹금류이다. 그

야생동물병원의 교육조

야생동물 교육조를 통한 교육은 야생동물이 사람과 함께 살아가는 생명이라는 것을 알리는 데 큰 역할을 한다. 자연으로 돌아가지 못하는 야생동물을 직접 보면서 야생동물의 서식지가 사람에 의해 파괴되어서는 안 된다는 것, 우리가 야생동물과 공존하기 위해 할 수 있는 것을 함께 이야기한다.
실제 교육조를 통한 교육에 크게 공감한 사람들은 봉사활동을 자원해서 야생동물과의 인연을 이어가기도 한다. 정기적으로 병원을 방문해서 먹이를 준비하고, 함께 횃대를 만들고, 입원실 청소도 함께한다. 이런 활동을 통해 야생동물 치료와 보호에 대한 관심을 잃지 않는다.

래서 사전에 말똥가리에 대한 설명, 병원에 오게 된 이유, 발톱이나 부리 주위에 손을 대지 말라는 등의 유의사항을 알려 주었다.

그런데 걱정과 달리 말똥가리는 아이들이 다가가서 말을 거는데도 여전히 명상에만 잠겨 있었다.

"야생동물이라 더럽고 무서울 줄 알았는데 생각보다 깨끗해요."

"귀엽고 멋있어요."

날카로운 발톱과 부리를 보고 겁먹음직도 한데 아이들은 신기한 듯 말똥가리 곁을 떠나지 못했다. 이렇게 야생동물을 직접 보는 시간이 아이들에게는 평생 잊지 못할 추억이 될 것이다. 친구들에게 하늘의 왕자에 대해 흥분과 설렘을 담아 설명해 줄 수도 있을 것이다. 야생동물에 대한 이런 관심을 오랫동안 잊지 말기를!

그리고 도사 말똥가리의 교육조 활동은 아주 훌륭했다. 합격! 앞으로도 멋지게 활약하길 기대한다.

일일 어린이 야생동물 수의사 체험이 끝나고.

야생동물병원의 장기 투숙객

야생동물병원에서는 치료 후에도 야생에서 살아갈 수 없는 동물을 식구로 맞아 함께 살아가고 있다.

야생동물 홍보대사

병원을 찾는 많은 사람들에게 산교육이 되어 준다. 쉽게 볼 수 없는 야생동물을 가까이에서 접하게 하며, 야생동물에 대한 사람들의 이해를 높이고 관련 이슈에 대한 관심을 촉구할 수 있다. 뿐만 아니라 건물에 부딪혀 앞을 잘 못 보는 말똥가리나 총상을 입어 날개 한쪽이 없는 독수리는 그 존재만으로도 센터를 찾는 사람들에게 야생동물의 부상 원인을 알려 야생동물 서식지 파괴의 심각성을 알려 주는 산교육이 된다.

대리모

매년 많은 새끼 동물이 어미를 잃고 구조되는 전체 구조 원인 중 22.4퍼센트, 2011년 전라북도 야생동물병원 통계 야생동물병원에서 장기 계류 중인 많은 동물들은 새끼들에게 훌륭한 부모 역할을 해 주고 있다. 먹이를 구하는 방법을 포함해 야생에서의 생존 방법을 알려 줄 뿐만 아니라, 야생동물이 사람에게 각인되는 문제를 해결해 주는 중요한 역할을 한다. 새끼 너구리에게 야생의 삶을 알려 주는 삼촌 너구리, 사람을 어미로 각인한 새끼 고라니를 야생 고라니로 키워 주는 어른 고라니가 바로 그들이다.

공혈동물

야생동물병원에는 수혈이 필요한 응급 상황의 동물이 종종 구조되어 들어온다. 그럴 때 장기 계류 중인 건강한 동물이 수혈이 필요한 아픈 동물에게 바로 혈액을 공급해 줄 수 있다. 생명이 위급한 순간에 공혈동물은 동종의 동물의 생명을 살리는 고마운 존재이다.

©오광석

말똥가리

　다른 조류가 쌍으로 다니거나 무리 지어 다니는 데 비해 말똥가리는 대체로 단독생활을 하는 고독을 즐기는 새이다. 털색도 거무스름한 갈색을 띠고 꼬리 끝과 날개 가장자리는 다른 부분보다 어두워서 더욱 분위기가 난다. 다른 매류와 달리 홍채는 갈색 또는 황갈색으로 눈도 분위기가 있다. 다른 종류의 새들은 수컷이 화려한 데 비해 말똥가리는 암컷과 수컷의 깃털이 비슷해서 구별하기가 어렵다.
　말똥가리는 비행 기술이 뛰어나다. 평소에는 날개를 V자 모양을 하고 날아다니지만 주로 나뭇가지나 전봇대에 앉아 있다가 먹이를 발견하면 날개를 반쯤 접고 빠르게 낙하해 강한 발톱으로 먹이를 낚아챈다. 주로 들쥐, 두더지, 개구리, 곤충을 잡아먹고 때로는 작은 새도 잡아먹는다.
　말똥가리는 가을에 우리나라에 와서 겨울을 나는 겨울 철새이다. 말똥가리는 한때는 흔히 볼 수 있었지만 남획과 오염 등으로 개체수가 줄어 멸종위기종 2급으로 지정되었다가 개체수 증가로 2012년에 해제되었다.

날개와 몸통을 다시 꼼꼼히 살펴보니

깃 상태가 처참했다. 꼬리깃이 거의 다 부러졌고,

오른쪽 날개의 첫째날개깃이 부러지거나

꺾여 있었다. 첫째날개깃은 전체 깃 중에서도

비행에 반드시 필요한 중요한 깃이다.

날지 못했던 이유가 이거였다.

깃이식으로
새 삶을 얻은
수리부엉이

왜 날지 못하는 걸까?

이른 아침. 구조 전화가 왔다. 학교의 운동장 축구 골대의 그물에 커다란 새가 걸려 있다는 것이다. 우리는 그 새가 어떤 새일까 궁금해하며 사고 현장으로 출동했다.

현장에는 다 큰 수리부엉이 한 마리가 축구 골대의 그물에 엉켜 애처롭게 퍼덕이고 있었다. 성급히 다가서면 수리부엉이가 놀라 퍼덕이면서 다른 부상이 발생할 수도 있기 때문에 수리부엉이의 뒤쪽으로 빠르고 조용하게 접근해서 담요로 감싸는 데 성공! 엉켜 있는 그물에서 수리부엉이를 꺼내는 일도 쉽지 않았다. 그물 사이사이에 깃털이 껴 있거나 엉켜 있어서 하나씩 하나씩 떼어내야 했다. 병원에 도착해 살펴본 수리부엉이는 엑스레이 촬영 결과 다행히 뼈가 부러지지는 않았다. 가슴 부분에도 적당량의 근육이 단단하게 붙어 있는 것을 보니 최근까지 별 문제 없이 건강하게 살던 녀석으로 보인다.

"그런데 왜 날지 못하는 거야?"

수리부엉이의 날개와 몸통을 다시 꼼꼼히 살펴보니 깃 상태가 처참했다. 꼬리깃이 거의 다 부러졌고, 오른쪽 날개의 첫째날개깃들이 부러지거나 꺾여 있었다. 첫째날개깃은 전체 깃 중에서도 비행에 반드시 필요한 중요한 깃이다. 날지 못했던 이유가 이거였다.

그물에 엉켜 마음대로 움직이지 않는 날개를 퍼덕이다가 깃이 더 손상된 것 같았다. 깃이 이 정도로 손상될 정도면 꽤 강한 충돌이었을 텐데 뼈와 근육이 다치지 않은 것은 천만다행이었다.

깃이식 결정

깃손상을 제외하고는 건강한 편이어서 깃만 온전해진다면 자연으로 돌려보낼 수 있어서 마음이 좋았다. 그런데 문제가 생겼다. 수리부엉이는 보통 10~11월에 깃갈이를 하고 초봄에 깃갈이가 완성된다. 그런데 지금이 2월이라 이제 막 깃갈이가 끝난 시점이어서 손상된 깃이 다시 나려면 1년을 기다려야 하는 상황이었다. 1년 동안 병원에 머물면서 깃이 나기를 기다리게 하는 것은 넓은 하늘을 자유롭게 날며 살던 수리부엉이에게는 잔인한 일이었다. 그래서 다른 방법을 생각했다.

깃이식!

조류는 비행을 해야 살 수 있고, 비행에 필수적인 것이 깃이니 신체 다른 곳에 문제가 없고 깃만 망가져 있을 경우에는 주로 깃이식을 한다.

깃이식은 수술 후 24~48시간 만에 비행 훈련이 가능하고 별다른 후유증이 없다는 장점이 있다. 인간의 장기이식수술이 위험성·후유증이 높은 것과는 좀 다르다.

깃이식을 위해 재활사 선생님들은 이식할 깃을 꼼꼼히 점검하고 챙긴다. 야생동물병원에서는 깃이식이 필요한 새들을 위해 병원에서 치료를 받다가 죽은 새의 깃이나 깃갈이 시기에 탈락된 깃을 냉동실에 보관한다. 죽은 새의 종, 성별, 연령과 함께 깃의 순서를 기록해 두면 혼동 없이 깃을 교체할 수 있다.

병원에 온 지 4일째 되는 날을 이식하는 날로 잡았다. 매일 아침 펠렛^{동물이 섭취한 먹이 중에서 몸에 흡수되지 않고 몸 밖으로 배출하는 고형 배설물. 맹금류의 경우 잡아먹은 먹이의 털과 발톱, 뼈가 소화되지 않고 나온다}을 토해 놓는 것을 보아 밥도 잘 먹고, 사람에게 공격성을 잃지 않는 모습이 이식수술을 할 만큼 건강해 보였기 때문이다.

본격적인 이식이 시작되었다. 마취시킨 후 부러진 날개를 깨끗하게 정

수리부엉이가 토해 놓은 펠렛.

새의 깃을 기록하여 보관하는 모습.

리했다. 대나무 감발을 이용해 마취된 수리부엉이의 깃과 미리 준비해 둔 이식할 깃을 꼼꼼히 붙였다. 대나무 감발은 두 개의 깃을 이어주는 다리 역할을 한다. 깃을 끼워서 붙일 때에는 실제 수리부엉이의 정상적인 깃 각도나 좌우 대칭을 확인하고 최대한 그와 비슷하게 붙여야 한다. 그래야 깃이식 후 바로 정상적인 비행이 가능하기 때문이다.

새의 깃에는 작은 깃털들이 붙어서 온전한 깃의 모양이 되기 때문에 접착제에 깃털이 달라붙지 않도록 조심해야 한다. 깃이식은 깃털의 섬세한 구조를 상하지 않게 해야 하기 때문에 초집중력과 숙련이 필요하다.

"후후!"

접착제가 잘 마르도록 불며 단단히 부착되었는지를 확인하는 재활사 선생님의 얼굴은 땀으로 뒤범벅이 되었다. 부디 다음 깃갈이를 할 때까

호흡마취

야생동물병원에서는 호흡마취를 많이 한다. 호흡마취는 주사마취에 비해 마취의 깊이를 세심하게 조절할 수 있는 쉽고 안전한 마취 방법이다. 마취의 깊이를 제대로 조절하지 못하면 마취 중에 전체적인 기능이 떨어지면서 죽을 위험이 있다. 따라서 동물에게도 호흡마취는 안전하고 스트레스를 덜 받는 마취법이다.

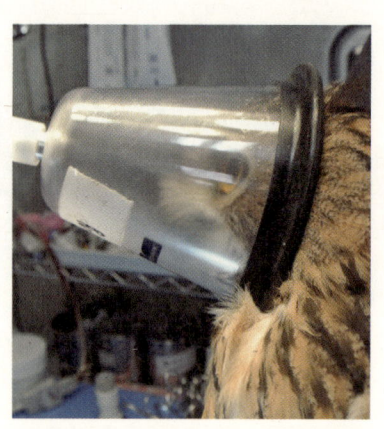

말똥가리 깃이식 방법

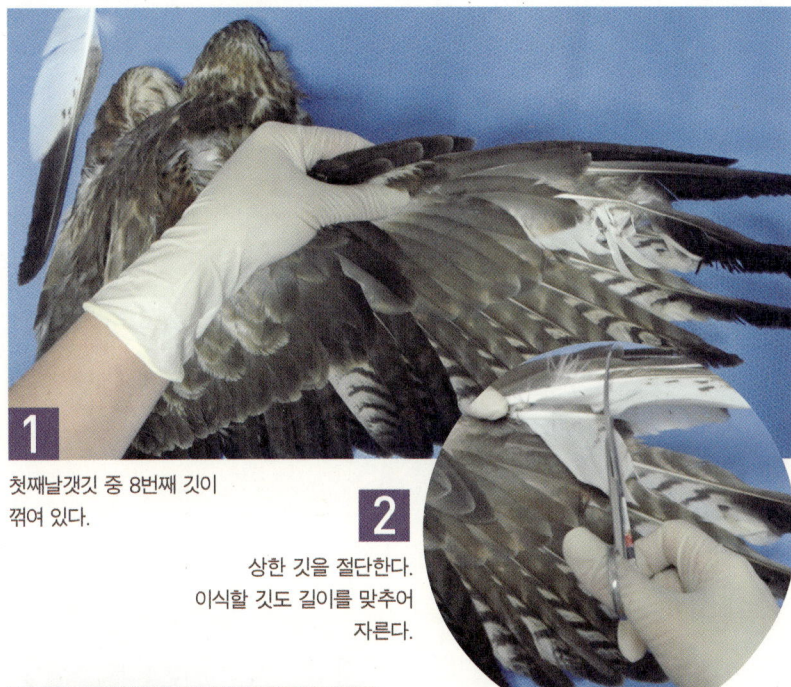

1 첫째날갯깃 중 8번째 깃이 꺾여 있다.

2 상한 깃을 절단한다. 이식할 깃도 길이를 맞추어 자른다.

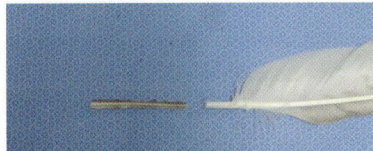

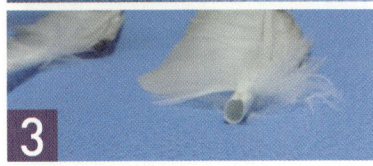

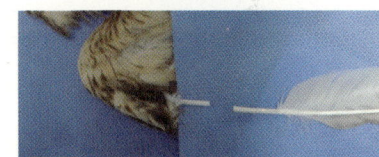

3 두 깃을 연결할 깃대를 다듬는다. 깃대는 대나무 감발, 대나무 이쑤시개 등을 활용한다. 조류의 깃은 안이 텅 비어 있어서 대나무 등을 이용하여 양쪽에서 끼우는 깃이식이 가능하다.

4 두 깃을 연결해서 접착제로 붙인 다음 10분 정도 지나면 깃이 단단히 고정된다.

깃이식으로 새 삶을 얻은 수리부엉이

지 이식한 깃이 단단하게 잘 붙어 있기를. 우리는 수리부엉이가 마취에서 깨면서 날개를 활짝 펴기를 기다렸다.

깃을 빌려 준 수리부엉이의 몫까지 잘 살아라

깃이식을 잘 마친 수리부엉이는 좁은 실내 케이지에서 야외 조류 계류장으로 보금자리를 옮겼다. 넓은 공간에서 비행 연습을 하며 자연으로 돌아갈 본격적인 준비를 하기 위해서였다. 다행히 계류장에서 날아다니는 수리부엉이의 날개는 별다른 이상이 없어 보였다. 장애물을 피해 잘 날고, 이식된 깃에 대한 이물감을 느끼는 것 같지도 않았다. 접착제로 고정시킨 깃 안에 지지 구조물^{대나무 깔발}이 있으니 쉽게 부러지거나 떨어지지도 않을 것이다. 이제 남은 일은 수리부엉이를 하루빨리 자연으로 돌려보내는 일이었다.

구조된 지 일주일 후 수리부엉이와 함께 수리부엉이가 발견된 학교운동장 근처 산으로 올라갔다. 한참을 올라가다 보니 탁 트인 하늘과 푸른 나무들이 보였다. 구조 상자를 열자 수리부엉이는 한 치의 망설임도 없이 단숨에 상자를 박차고 날아올랐다.

부드럽지만 강하게 파도치듯 날아가는 수리부엉이를 가까이에서 본다면 누구라도 그 모습에 감탄하지 않을 수 없다. 수리부엉이는 한국에 사는 올빼미류 중 몸집이 가장 큰데 날개를 완전히 펴면 훨씬 더 커 보인다. 검은색과 황색이 섞인 아름다운 깃털 무늬가 조용히 공기를 가르는 모습은 그야말로 장관이다. 점점 하늘로 비상하여 실루엣만 보일 정도로 멀어질 때까지 우리는 모두 할 말을 잃고 하늘을 올려다보았다.

다른 수리부엉이의 깃을 몸에 달고 새로운 삶을 살게 된 녀석. 두 삶의 몫을 한꺼번에 사는 만큼 두 배, 아니 그 이상 더 행복하게 자연에서의 하루하루를 만끽하기를!

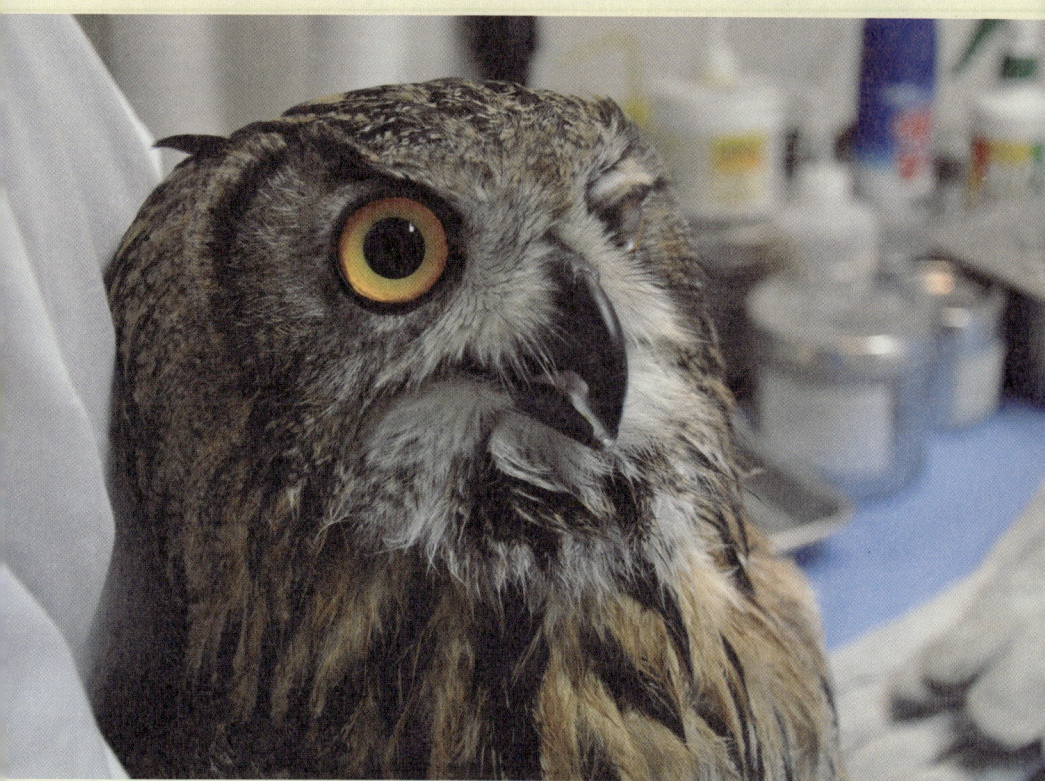

깃이식을 마친 수리부엉이.

새의 깃

새가 날려면 날개뿐만 아니라 건강한 깃이 필요하다. 특히 비행을 위해 필요한 깃이 있는데, 이런 깃이 손상되면 다른 기능이 건강한 새라 해도 자유롭게 날기 어렵다.

❶ 첫째날개깃 : 10~12개의 깃으로 추진력을 일으키고 속도를 내거나 줄인다.
❷ 둘째날개깃 : 공기 중에 뜰 수 있는 부력을 만든다.
❸ 작은날개깃 : 난기류를 조정하고 착륙 시에 추가 부력을 제공한다.
❹ 날개막 인대 : 날개의 어깨관절부터 손목관절까지를 연결하는 탄력있는 피부 주름으로 날개를 접고 펼 때 용이하게 해준다.

수리부엉이

'푸~호~, 푸~호~.'

독특한 소리를 내는 수리부엉이는 우리나라의 올빼미과 조류 중 가장 크고, 주황색 큰 눈이 특징이다. 머리 위에 있는 것을 귀라고 아는 사람들이 많은데 우각이라는 깃이다. 몸은 황갈색이며 갈색의 얼룩무늬가 있고, 배 부위의 색이 조금 밝다. 우리나라에서는 흔한 텃새였으나 남획과 서식지 파괴로 개체수가 감소되어 현재 천연기념물로 지정되었다.

직접 보금자리를 만들지 않고 암벽의 선반처럼 생긴 곳이나 바위굴의 평평한 곳, 바위절벽 사이의 틈이나 속이 빈 나무에서 휴식과 번식을 한다. 야행성 조류로 해질녘에 가지에 앉아서 설치류, 산토끼, 꿩, 중소형 조류 등을 잡아먹는다. 다른 야행성 조류와 마찬가지로 깃털이 부드러워 날아다닐 때 거의 날갯짓 소리가 나지 않는다. 소리 없이 먹잇감에 다가가기 때문에 언제 잡히는지도 모르게 수리부엉이의 날카로운 발톱에 잡힌다. 사람이 다가가는 등 위험에 처하면 털을 있는 힘껏 부풀려 몸집을 더 커 보이게 하고 부리를 부딪쳐 딱딱 소리를 내면서 위협한다.

수리부엉이는 예로부터 먹이를 닥치는 대로 물어다가 쌓아두는 습성이 있어 재물을 상징한다. 또한 고양이 얼굴을 닮은 매라고 해서 '묘두응(猫頭鷹)'이라고도 하는데 고양이 '묘(猫)'가 70세 노인을 뜻하는 '모(耄)'자와 음이 비슷해서 장수를 상징하기도 한다. 서양에서는 지혜를 상징하는 새로 여겨진다.

수리부엉이의 **비행 훈련**

깃이식이 성공적으로 마무리되었다면 방생되기 전 단계는 비행 훈련이다. 비행 훈련을 통해 확인해야 할 것은 두 가지이다. 야생에서 충분히 살아갈 수 있는 비행 능력을 갖췄는지, 이식한 깃에 특별한 문제가 없는지를 평가하는 것이다.

비행 훈련 시간은 오전 7시! 수리부엉이는 야행성이기 때문에 빛이 강하게 내리쬐는 낮 시간은 피해야 한다. 또한 새가 스스로 방향을 잡기 어렵기 때문에 강풍이 부는 날씨도 피해야 한다. 다행히 바람이 강하게 불지 않고 청명하다.

우선 준비물을 꼼꼼히 챙긴다. 멀리 날아가는 것을 막기 위해 수리부엉이의 발목에 묶을 가죽 끈, 가죽 끈에 묶을 줄, 줄을 감아둘 회전 고리가 망가진 곳이 없는지 잘 점검한다. 훈련장은 주변이 탁 트이고 시야를 가릴 숲이 없는 학교의 대운동장이다.

비행 훈련을 할 때는 유의할 점이 있다. 나는 새를 착지시킬 때는 줄에 힘을 주는 데 힘을 한번에 주는 것이 아니라 힘을 조금씩 주어

자연스럽게 앉게 해야 발목이 부상을 입지 않는다. 또한 새를 잡을 때는 줄을 밟고 가면서 날아가지 못하게 하고, 잡을 때는 수건이나 이불 등으로 한번에 들어올려서 날개와 깃털이 다치지 않도록 해야 한다.

드디어 도전할 시간. 가죽 끈의 매듭이 끊어지지 않았는지, 가죽 끈과 연결된 줄이 엉키지 않았는지 확인한 후 첫 시도를 했다. 휙! 수리부엉이를 가볍게 띄우듯 날리자 녀석은 본능적으로 날갯짓을 하기 시작했다. 성공인가? 하지만 오랜만의 날갯짓이 익숙하지 않은지 얼마 못 가서 바닥에 떨어졌다. 다행히 높이 띄우지 않았기에 다친 곳은 없었지만 불안했다. 설마 나는 걸 잊어버린 것은 아니겠지?

두 번째 시도를 준비했다. 바람이 불기 시작하자 수리부엉이는 날갯짓을 시작하더니 곧 솟아올라 불어오는 바람을 타고 높이 올라가기 시작했다. 여명을 가로질러 높은 곳에서 우리를 내려다보는 수리부엉이의 웅장한 자태에 모두 넋을 잃고 바라보았.

이 정도면 비행 훈련은 성공이다. 이제 수리부엉이는 자연으로 돌아가도 된다는 합격점을 받았다.

똘망똘망한 큰 눈동자는

겁을 먹어서 더 커져 금방이라도

눈물을 툭 떨어뜨릴 것만 같다.

이 녀석들

어미가 죽은 것은 알고 있을까?

아기 고라니,
로드킬로 엄마를 잃다

엄마를 잃은 지 얼마 안 되었구나

6월 초에 건강한 아기 고라니 두 마리가 병원으로 긴급 이송되었다. 이동장을 열자 새까맣고 동그란 고라니의 눈동자 네 개가 일제히 우리를 쳐다보았다.

'엄마는 어디 가고 너희만 있는 거니?'

도로 옆 갈대숲을 산책하던 시민이 숲에 아기 고라니가 있다고 병원에 신고를 했다. 현장에 나가 보니 근처 도로에 암컷 고라니가 교통사고로 죽어 있었던 것으로 보아 아마도 로드킬로 죽은 어미의 새끼들인 것 같았다. 고라니는 주요 서식지인 물가 주변의 갈대밭이나 관목숲, 논밭 근처의 도로에서 교통사고를 당하는 일이 많다.

아기 고라니들을 이동장에서 꺼내니 언제라도 도망칠 수 있게 엉거주

춤하게 한 다리를 들고 서 있는 모습이 불안해 보였다. 쫑긋 세운 귀, 길게 빼어 꼿꼿하게 세운 목, 잔뜩 겁을 먹은 어리둥절한 표정. 똘망똘망한 큰 눈동자는 겁을 먹어서 더 커져 금방이라도 눈물을 툭 떨어뜨릴 것만 같았다. 이 녀석들 어미가 죽은 것은 알고 있을까?

그런데 불안한 새끼 고라니들이 갑자기 벽 쪽으로 돌진해서 머리를 쿵쿵 박았다. 낯선 곳에서 어떻게든 도망갈 곳을 찾으려고 뛰다가 벽에 부딪치는 것이었다.

"저러다 다치겠어. 빨리 얼굴 가려."

흥분해서 날뛰는 고라니들의 얼굴을 서둘러 담요로 감싸주자 겨우 진정이 되었다.

태어난 지 2주가량 된 듯한 아기 고라니들은 건강해 보였다. 건강해 보이니 더 마음이 아팠다. 어미를 잃은 지 얼마 안 되었다는 것이기 때문이다. 최근까지 어미가 돌본 새끼들은 털에도 윤기가 흐르고 몸에 근육도 적당하게 붙어 있었다. 어미가 잘 키워 놓은 새끼들을 이제 우리가 잘 돌봐서 건강하게 야생으로 돌려보내야 한다.

고라니들의 건강 상태를 확인한 후 우유를 젖병에 담아 먹이기 시작했다. 매년 5월에는 어미를 잃은 새끼 고라니들이 병원에 많이 들어오는데 어떤 해는 30마리의 새끼 고라니를 동시에 돌보기도 했다.

사랑의 당근

병원에 온 지 일주일이 지나자 우유를 잘 받아먹은 새끼들은 체중이 조금씩 늘기 시작했는데 한 마리가 자꾸 설사를 하고 힘없이 주저앉았다. 그래서 아침에 병원에 가면 밤새 고라니가 잘 있었는지 엉덩이부터 확인했다. 건강한 고라니의 경우에는 단단하고 동글동글한 변을 보기 때문에 털에 변이 묻지 않는데 설사를 하는 고라니의 엉덩이에는 어김없이 묽은 변이 묻어 있기 때문이다.

그날도 역시나 묽은 변이 묻어 있어서 체중 기록표를 확인하니 다른 고라니에 비해 체중이 거의 늘지 않았다. 잘 먹는데도 살이 빠지고 기력이 없는 것은 먹는 대로 모두 설사로 내보내기 때문이다. 이런 상태가 3일 이상 지속되면 탈수 상태가 되고, 점차 식욕을 잃어 결국 살기 어려워진다.

'어떻게 설사를 멈추지?'

일단 배추 등 수분이 많은 야채를 줄였다. 그리고 우유 대신에 풀을 더 먹도록 유도하면서 장염으로 인한 설사일 가능성을 염두에 두고 소화 기능을 돕는 미생물이 들어 있는 소화 촉진제를 급여했다. 좋아져야 할 텐데…….

그런데 3일 동안 지켜보아도 상황이 별로 좋아지지 않았다. 녀석은 소화 촉진제가 섞인 우유는 잘 먹었지만 여전히 풀은 다른 고라니에 비해 잘 먹지 않았다. 그래서 며칠 후 특단의 조처가 취해졌다. 야생동물병원 뒷마당 중 풀이 높게 자란 곳에 둥그렇게 펜스를 설치해 고라니가 마음 놓고 뛰어다닐 수 있도록 운동장을 만들었다. 새끼 고라니들의 성장에 꼭 필요한 '운동'을 시키기 위해서였다. 야생에서 새끼 고라니들은 어미를 따라다니기 때문에 운동량이 아주 많은데, 병원에서는 운동량이 적어서 식욕이 떨어질 수 있다.

반추동물_{대량으로 섭취한 풀을 분해시켜 영양분으로 흡수할 수 있도록 발달된 4개의 위를 가진 동물}인 고라니가 건강하게 성장하려면 반드시 풀을 먹어야 하는데 운동량이 적으면 식욕이 떨어지게 마련이다. 사람이 주는 우유에만 익숙해서 풀을 스스로 뜯지 않는 고라니들은 배는 불룩하지만 골격과 근육은 허약한 체질이 된다. 그래서 설사를 하는 녀석의 식욕도 키울 겸 하루에 두 번, 운동장에서 고라니들을 운동시키기로 했다.

처음에는 운동장의 새로운 환경이 어색한지 새끼 고라니들은 킁킁 바람 냄새만 맡고 운동장 안에서도 가만히 앉아 있었다. 그건 우리가 바라는 것이 아니었다.

툭툭!

우리는 나뭇가지로 펜스를 툭툭 쳤다. 앉아 있는 고라니들을 자극하

새끼 고라니는 어른 고라니와 달리 등에 흰 점으로 이루어진 줄무늬가 있다.

기 위해서였다. 다행히 자극을 받은 고라니들이 움직이기 시작했다. 그런데 고라니들을 따라 우리도 계속 툭툭 치면서 함께 달리다 보니 고라니의 운동량이 느는 게 아니라 우리의 운동량이 늘 지경이었다.

"일어나, 어서. 영차!"

특히 꼼짝도 하지 않는 녀석들은 직접 엉덩이를 들어서 일으켜 세우고 조금이라도 걸으라고 엉덩이를 툭툭 쳤다. 그러면 녀석들은 마지못해 일어나 조금이라도 움직였지만 움직이지 않는 고라니를 움직이게 하는 일이 굉장히 어려운 일임을 처음 알았다.

운동장을 만들고 한 달이 지나자 효과가 보이기 시작했다. 무엇보다 기쁜 것은 설사로 인해 체중이 줄던 고라니의 체중이 조금씩 늘기 시작한 것이었다. 물론 다른 녀석들만큼 체중이 늘려면 멀었지만 풀과 야채를 즐겨 먹고 활동량도 늘었다. 특히 녀석이 당근을 좋아해서 녀석이 주로 앉아 있는 방사장 구석에 특별히 당근을 더 놓아두었다. 당근은 녀석이 건강하게 자연으로 돌아가기를 바라는 우리의 사랑의 신호였는데, 녀석이 그 마음을 알까?

사람을 엄마로 착각한 고라니

새끼들이 병원에 온 지도 3개월이 지났다. 몸이 약하거나 병에 걸린 고라니들은 안타깝게 죽은 경우도 있지만 대부분의 고라니는 무럭무럭 잘 자랐다. 그런데 새로운 걱정이 생겼다. 계류장에 있는 고라니 열다섯 마리 중 유독 한 마리가 사람을 따랐기 때문이다. 태어난 지 2주 만에 어미를 잃은 녀석이라 어미와 있던 시간보다 사람과 함께 지낸 시간이 더 많으니 사람을 의지하는 것이다. 특히 이 녀석은 구조되어 오자마자 설사와 기침으로 고생했던 터라 사람 손을 더 많이 탄 것이 이유였다. 이 새끼 고라니에게는 숲보다 병원이, 먹이보다 사람의 손이 더 익숙한 것이다. 야생성의 상실은 아픈 것만큼이나 심각한 문제이다.

겁이 많고 예민한 초식동물의 특성상 보통의 고라니는 젖을 떼는 생후 4개월 정도가 되면 사람을 경계하고 피하게 마련이다. 그래서 먹이를 주러 계류장에 가면 나무나 풀 뒤에 숨는 경우가 대부분이다. 그런데 이 녀석은 사람만 보이면 난리다.

"삑삑, 삑삑!"

얼마나 좋으면 삑삑 소리를 지를까. 계류장 근처로 사람들이 지나갈라치면 펜스 사이로 얼굴을 내밀어 꼭 사람 손을 핥았다. 하는 짓이 마치 집에서 키우는 반려동물 같으니 이러다가는 자연으로 돌려보내는 일이 어려울 수도 있어 고민이 깊어졌다.

그러던 중 고라니의 각인 문제를 해결하는 결정적인 일이 일어났다. 이즈음 때마침 병원에 두 살 된 암컷 고라니가 한 마리 구조되어 왔다. 농수로에 빠져 앞다리의 발굽 부분에 찰과상을 입은 녀석이었다. 다행히 상처가 깊지 않아 상처 부위를 치료한 후 새끼 고라니들과 합사시켰다.

그러자 신기하게도 우리를 걱정시키던 새끼 고라니가 마치 어미를 다시 찾은 것처럼 새로 온 암컷 고라니 뒤를 졸졸 따라다녔다. 고라니가 옥수수를 먹으면 따라가서 옥수수를 먹고, 통나무 뒤에 앉아서 쉬면 자기도 따라가서 통나무 뒤에 앉았다. 이렇게 아기 고라니는 암컷 고라니의 도움으로 점점 사람으로부터 멀어져 갔다.

아름다운 동심원

 대개 고라니들의 방생은 먹이가 풍부한 10월 중순쯤 이뤄진다. 방생 장소는 발견된 곳 근처이다. 2012년에는 병원에 들어온 총 28마리의 새끼 고라니 중에 여섯 마리가 자연으로 돌아갔다. 안타깝게도 스무 마리는 살리지 못했고, 두 마리는 사람을 너무 따라서 조금 더 야생성을 회복시킨 후 보내기로 해 방생에서 제외되었다.
 도로에서 좀 떨어진 강 옆, 갈대숲이 우거진 곳이 오늘의 방생 장소이다. 강 건너에는 고라니들이 몸을 숨기고 먹이를 먹기 좋은 야트막한 산이 많다. 야행성인 녀석들의 특성을 고려하여 방생 시간을 해가 질 무렵

각인이란?

야생동물 병원에서는 동물들이 사람을 각인 imprinting하지 않도록 주의해야 한다. 각인이란 출생한 지 얼마 되지 않은 새끼가 어미가 주위에 없을 경우 다른 대상에게 애착을 형성하는 것을 말한다.

반려동물과 달리 야생동물을 치료하는 목적은 야생으로 다시 돌아가서 건강하게 살아가도록 하는 것이므로 동물들에게 사람이 각인되는 것은 매우 위험하다. 치료 과정에서 동물에게 자연스럽게 정이 들지만 마음껏 정을 붙이지 못하는 것이 바로 이런 이유이다. 사람과 너무 가까워지면 구조된 동물의 야생 방생은 불가능해질 수도 있다. 그래서 야생동물병원에서 일하는 사람들은 잘 먹고 잘 자라는 것이 대견해도 머리 한 번 쓰다듬어 주지 않는다. 정이 들어서 보고만 있어도 애틋하지만 자연으로 돌아가 잘 사는 것이 더 중요함을 잘 알기 때문이다. 우리의 이런 마음을 녀석들은 알까?

으로 잡았다.

  일단 주변에 먹이를 흩뿌렸다. 혹시라도 낯선 환경에서 먹이를 구하기 어려울 때 도움이 될 것이다. 그리고 조심스럽게 녀석들이 들어 있는 이동장의 문을 열었다. 고요한 시간이 흘러갔다. 그리고 몇 분 후 이동장 안에서 숨죽이고 있던 새끼 고라니들이 조심스럽게 밖으로 얼굴을 내밀었다. 그러고는 얼굴을 하늘로 향하고 냄새를 킁킁 맡기 시작했다. 여기가 예전에 살던 곳임을 알고 있는 걸까? 어미와 함께 있던 기억을 되살리고 있을지도 모른다.

  마침내 새끼 고라니 한 마리가 이동장을 박차고 나오더니 강 쪽으로 뛰어갔다. 그러자 나머지 고라니들도 앞서 나간 고라니를 따라 뛰기 시작했다. 펄쩍펄쩍 뛰어 순식간에 멀어지는 고라니들. 좁은 병원의 계류장에서 살았다는 것이 믿어지지 않을 만큼 긴 다리를 크게 벌려 성큼성큼 뛰어서 강으로 뛰어들어갔다. 그러더니 조용히 헤엄쳐서 강을 건너갔다. 그 사이 벌써 강을 건너가서 강물을 마시고 있는 고라니도 보였다. 어둠이 깔린 들녘에 서서 바라보는 뿌듯한 풍경. 강을 건너는 고라니들을 따라 수면 위에 번져 가는 동심원이 아름다웠다. 부디, 그곳에서 행복하기를!

조심스럽게 얼굴을 내밀더니
이내 이동장을 박차고 뛰어나갔다.

다시 자연으로 돌아가는 새끼 고라니.

새끼 야생동물을 발견했을 때 구조 요령

성급한 구조는 어미로부터 새끼를 납치하는 것일 수도 있다

어린 동물을 구조할 때는 반드시 확인해야 하는 일이 있다. 새끼들이 어미를 정말로 잃어버린 것인지 아니면 주변에서 어미가 새끼를 지켜보고 있는지를 확인해야 한다. 새끼들만 덩그러니 있는 것을 보면 어미를 잃었다고 생각하지만 어미가 먹이를 구하러 잠시 외출한 경우도 많다.

그러므로 새끼들만 남아 있는 경우 구조하기 전에 충분한 시간을 기다려 어미가 나타나는지를 반드시 확인해야 한다. 또한 이소 시기에 비행 연습을 하며 둥지 밖으로 나와 있는 경우가 빈번하므로 새끼가 다친 것이 아니라면 어미에 대한 확인 없이 구조해서는 안 된다. 이때는 새끼를 가까운 나무나 둥지에 올려 주는 것이 가장 현명한 구조이다. 무조건적인 구조는 어미로부터 새끼를 납치하는 행위일 수도 있음을 기억하자.

새끼 새가 이런 상태일 때는 안전한 곳으로 옮긴 후 신고한다

1. 새의 날개가 처져 있거나 추위에 떨고, 다른 동물로부터 공격을 받고 있다.
2. 깃털이 나고 땅을 걸어 다니고는 있지만 두 시간 정도 지켜본 결과 어미 새가 오지 않는다.
3. 바닥에 떨어진 갓 부화한 새끼의 둥지가 망가져 있고 두 시간 정도 지켜본 결과 어미 새가 오지 않는다.
4. 상자를 따뜻하고 어둡게 하고 숨을 쉴 수 있는 구멍을 낸 뒤 새끼 새를 넣는다. 서둘러 신고한다.

새끼 새가 이런 상태일 때는 구조하지 않는다
1. 새끼가 갓 부화하여 솜털이 있고 근처 나무나 덤불에 둥지가 있다면 둥지에 올려 준다.
2. 어미 새가 사람에게 접근하여 경계음을 내며 운다면 새끼 새는 어미의 보호를 받고 있는 것이다. 고양이 등 포식자가 접근하기 어려운 안전한 곳에 새를 두고 온다.
3. 갓 부화한 새끼이고, 둥지가 망가져 있다면 인공 둥지를 만들어 준다. 바구니 바닥에 건초, 솔잎 등을 깐 후 원래 둥지가 있던 나무나 인근 나무에 걸어 준다.

새끼 고라니가 이런 상태일 때만 신고한다
1. 새끼 고라니가 부상을 당해서 잘 움직이지 못한다.
2. 근처에 어미 고라니가 죽어 있다.

새끼 고라니를 돕는 방법
1. 부상이 없다면 발견한 가까운 숲이나 덤불에 놓아준 후 서너 시간 동안 지켜본다. 어미 고라니가 찾아오지 않고 새끼가 계속 같은 자리에 있으면 신고한다.
2. 부상이 없는 새끼 고라니가 사람을 따라온다면 사람을 어미로 오인한 것일 수 있다. 발견한 지점의 가까운 숲이나 덤불 안에 놓아주고 서너 시간 후에 다시 방문하여 새끼 고라니가 어미를 따라가서 없어졌는지 확인한다.

박새는 좁은 입원실 안을 날아다니며

한동안 바닥에 앉을 생각을 하지 않고

힘차게 날갯짓을 계속했다.

녀석에게는 처음 경험해 보는

짜릿한 비행의 순간이었다.

© 김영삼

너의 정체를 밝혀라!
아기 박새

솜털도 다 나지 않은 1그램짜리 아기 새

 야생동물병원에 작은 새 두 마리가 구조되었다는 소식이 들리자 우리는 들뜬 마음으로 병원으로 달려갔다. 초봄에만 볼 수 있는 '솜털 보송보송' 아기 새들을 얼마나 기다려왔던가. 매년 4~5월이면 병원은 작은 새끼 새들로 북적인다. 번식 과정에서 '이소'라는 과정을 거치면서 종종 위험에 빠지기 때문이다.
 이소란 새끼 새의 솜털이 빠지고 날개깃이 어느 정도 자란 후 둥지 주변으로 생활 공간을 옮기는 것인데, 이 과정에서 문제가 생겨 구조되는 경우가 종종 있다. 물론 새끼 새들은 이소 전에도 도망가는 데 미숙해 주변의 포식자에게 쉽게 노출되기 때문에 위험하다. 이소를 무사히 마치고 둥지를 떠난 후에도 둥지 주변에 머물면서 1~2주 동안 어미에게 먹이를 받아먹으며 독립을 준비한다.

　이번에 병원에 들어온 새는 주택가에서 구조되어 왔다. 바닥에 떨어진 새끼 새를 고양이가 위협하는 것을 본 시민이 구조 요청을 한 것이다. 구조를 나간 현장에서 어미 새의 흔적을 찾기 힘들어 병원으로 오게 되었다. 새끼 새들은 얼마나 어린지, 눈도 뜨지 못하고 몸도 솜털로 다 덮이지 않아서 솜털 사이로 붉은 살이 보일 정도였다.

　"삐익, 삐익."

　노란 부리를 하늘로 쳐들고 벌려 보지만 크게 소리 내 울 기운은 없는지 작은 부리 사이로 희미한 신음소리만 들렸다. 아마도 부화한 지 채 일주일도 지나지 않아 보였다. 이렇게 작고 어린데 어쩌자고 엄마를 잃은 것일까? 하지만 언제까지 마음 아파할 수 없다. 그보다 어떤 종인지 아는 게 중요하다.

ⓒ 김영삼
먹이를 달라고 입을 벌리는 새끼 박새들.

구조 후 3주가 지난 새끼 박새. 깃이 많이 자랐다.

"도대체 어떤 새야?"

"직박구리 새끼 아닐까? 크기가 작잖아."

"부리 모양이 참새 같지 않아?"

새를 구조했을 때 새의 종을 아는 것은 중요하다. 정확히 진료하고 맞는 먹이를 주기 위해서이다. 대체로 새의 크기, 깃털의 색깔, 날개 형태, 몸통의 모양, 앉아 있을 때의 자세, 부리 모양 등으로 구별하는데, 이번 새끼 새는 좀처럼 답이 나오지 않았다. 너무 작고 어려서 깃털도 전혀 나지 않아 솜털만 보고는 어떤 새인지 알 수가 없었다.

"몰라몰라. 그 고민은 나중에 하고 일단 살리고 보자."

깃털이 나기 시작하면 자연히 종을 알 수 있을 테니 지금은 새끼를 살리는 일에 전력을 다하기로 했다. 일단 체온이 떨어지지 않도록 하면서 새가 먹을 만한 것들을 조금씩 주었다. 새의 종을 확실히 모르니 여러 종류의 먹이를 주면서 자연스럽게 좋아하는 것을 파악하기로 했다. 먹이로 밀웜과 곡류를 준비하고 이유식도 따뜻한 물에 개어 준비했다. 번식기에는 새끼가 많이 구조될 것에 대비해 병원에서는 이유식을 미리 준비해 놓는데 조류는 단백질과 칼슘, 비타민이 많은 식단으로 만든다.

체중을 재려고 들어올린 새끼 새 두 마리는 거의 무게감이 없었다. 그야말로 새털처럼 가벼웠다. 체중계에 올려놓으니 눈금은 1그램을 가리킨다. 1그램이라니. 이 녀석들을 어서 튼실하게 키워야 할 텐데……

일단 새끼 박새를 온도와 습도가 일정하게 유지되는 집중관리실(ICU : Intensive care unit)로 옮겼다. 입원실에서도 조용하고 어두운 쪽에 마른 풀잎과 화장지를 깔아 인공 둥지를 마련했다. 낯선 환경에서 새들이 받을 스트레스를 최소화하기 위한 조처였다.

새끼 새들은 다행히 이유식도, 잘게 자른 밀웜도 잘 받아먹었다. 밥을 먹은 후에는 바로 하얗고 동그란 똥을 싸놓아 우리를 기쁘게 했다. 밀웜을 꾸준히 먹고, 혼합 잡곡의 섭취량이 늘어나는 것으로 보아 곡식과 곤충을 주식으로 하는 멧새나 박새로 녀석의 정체가 좁혀지기 시작했다.

외모 역시 하루가 다르게 변해 갔다. 3~4일이 지나자 흰 솜털로 온몸이 덮였고, 2주가 지나자 솜털이 빠지고 깃털이 나기 시작했다. 그리고 마침내 3주째가 되자 드라마틱한 변화가 일어났다. 날개깃과 꼬리깃이 모두 돋아난 것이다. 비로소 우리는 새의 종을 추측할 수 있었다. 어깨깃은 회색을 띤 녹색, 허리와 위꼬리덮깃은 푸른색이 도는 회색, 배의 중앙 부분에서 아래꼬리덮깃까지는 검은색 띠, 턱밑과 가슴 윗부분은 검은색.

밀웜

밀웜은 딱정벌레 중 거저리 Tenebrio molitor 라는 곤충 크기 1.3~1.7센티미터 의 유충으로 암갈색이나 연갈색을 띠며 광택이 나는 각질을 갖고 있다. 일반 밀웜의 크기는 2~2.5센티미터, 수퍼밀웜 Zophobas morio 은 4~5센티미터 정도이다. 밀웜은 조류나 포유류의 먹이가 되므로 야생동물병원에서는 직접 키워서 주기도 한다. 밀웜은 지방 함유량이 높고 칼슘 성분이 낮아, 먹이로 사용할 때는 칼슘과 비타민을 함께 주는 것이 좋다.

거저리의 애벌레

"요 녀석들아, 너희 박새지?"

녀석들은 주변의 인가나 산림에서 흔히 볼 수 있는 박새였다. 박새는 곤충과 식물의 씨, 열매를 주로 먹는 텃새로 다 성장해도 머리부터 꼬리까지의 길이가 14센티미터 정도밖에 되지 않는 작은 새이다. 새의 종을 파악하자 귀뚜라미, 오디 같은 박새가 좋아하는 먹이를 주었다. 맛있게 받아먹었다. 일단 몸집이 커지면서 식욕이 생기자 해바라기씨, 아몬드 같은 열매도 주는 족족 무서운 속도로 먹어치웠다. 도대체 저렇게 조그만 몸집의 어디로 저 많은 곡식과 곤충이 들어가는지 신기할 따름이었다.

곧 새끼 박새들은 움직이는 귀뚜라미, 메뚜기 등을 혼자서 잡아먹을 정도가 되었는데 움직이는 곤충을 대단한 집중력으로 실수 없이 사냥하는 모습에 우리는 박수를 쳤다. 그만큼 자연으로 돌아갈 시간이 가까워졌다는 것이니까.

새끼 박새의 탈출 대소동

새끼 박새가 병원에 들어온 지 3주 정도가 지난 어느 날 먹이를 주려고 케이지 문을 열었는데 푸드득 소리와 함께 눈앞으로 뭔가 쏜살같이 지나갔다.

'푸드득 푸득푸득~.'

세상에 새끼 박새가 탈출을 감행한 것이다. 케이지를 처음 빠져나온 박새는 좁은 입원실 안을 날아다니며 한동안 바닥에 앉을 생각을 하지 않고 힘차게 날갯짓을 계속했다. 녀석에게는 처음 경험해 보는 짜릿한 비행의 순간이었다. 솜털도 다 나지 않아서 빨간 속살이 드러났던 박새

혼자 바닥에 떨어진 새끼 박새. ©김영삼

가 이렇게 힘찬 날갯짓을 한다는 것이 순간적으로 믿어지지 않을 정도였다. 하지만 놀라고 있을 수만은 없었다.

"거기, 거기 잡아. 천천히, 놀라지 않게."

자칫하다가는 입원실 유리창에 부딪혀서 큰 부상을 입을 수 있었다. 첫 비행 후 잠시 내려앉은 녀석을 담요로 조심스럽게 감싸안았다. 경이롭고도 아찔한 순간이었다.

박새가 날 수 있다는 것을 스스로 증명했으니 이제 환경의 변화를 주어야 한다. 충분히 날 수 있는 새를 작은 케이지 안에서 키울 경우 오히려 깃이 상할 수도 있고, 새의 자연 적응 능력을 저해할 수도 있기 때문이다. 우리는 박새에게 야생에서의 삶과 최대한 비슷한 환경을 꾸며 주기로 했다.

넓은 계류장 한쪽에 태풍에 쓰러져 있던 나무를 근처 산에서 통째로 가져와 얼기설기 세우고, 뜨거운 태양을 피할 수 있도록 검은 차양을 치고, 바닥에는 부드러운 모래와 건조한 흙을 깔자 그럴듯했다. 박새 같은 참새목 새나 꿩 등은 모래에 날개를 비비고 털어내는 '모래목욕'을 즐기는데, 이는 진드기를 구제하는 데에 효과가 있다. 수조에는 시원한 물을 가득 채운 후 박새를 풀어놓으니 녀석들은 비행의 높낮이를 조절하며 자유롭게 계류장을 날아다녔다. 계류장 내 나뭇가지에 앉아 있는 모습도 제법 안정감 있어 보였다. 이제 자연으로 돌아갈 때까지 열심히 이곳에서 날갯짓 연습을 하면 된다.

새끼 박새들이 구조된 지 한 달이 지난 6월 초의 볕 좋은 오후를 방생 날로 잡았다. 우리는 작은 이동용 종이 박스에 박새들을 넣고 처음 발견한 곳으로 이동했다. 차에서 내려 보니 그곳은 주택가 옆에 야트막한 야산이 있는 곳이었다. 야산 쪽에 풀어 주면 될 것 같았다.

야산에 올라 조심스럽게 종이 박스를 열었다. 5초 정도의 정적이 흘렀을까? 파다닥 하는 소리와 함께 먼저 한 마리가 밖으로 날아올랐다. 녀석은 '비비비' 소리를 내며 짧은 비행 후 근처 나뭇가지 위로 날아갔다. 5주 동안 박새와 함께했지만 처음 듣는 청명하고 높은 울음소리였다. 그렇구나, 갇혀 있을 때와 자유롭게 자연 속을 날 때와는 소리부터 다르구나.

'비비비.'

곧이어 나머지 한 마리도 날아올라 먼저 날아간 박새 옆의 나뭇가지에 앉았다. 나란히 앉은 두 녀석은 어리둥절한지 이리저리 고개를 돌리며 주변을 살폈다. 그러더니 이내 더 높이 날아올라 더 큰 나무 위로 긴 비행을 했다. 두 녀석은 아름다운 소리를 내며 주변을 맴돌다가 방향을 틀어 주택가 쪽으로 날아갔다. 헤어짐의 아쉬움보다 새끼 박새들이 혼자 힘으로 잘 살아가길 바라는 마음이 더 컸다. 병원으로 돌아오는 차 안에서 아까 들었던 박새의 노랫소리가 계속 귀에 맴돌았다.

'비비비, 비비비.'

'쯔삐, 쯔삐, 쭈르르.'

마음속에 꼭 담아두고 힘들 때마다 다시 꺼내어 듣고 싶은 맑은 소리. 잊지 못할 아름다운 노래를 선물해 준 박새들을 위해 온 마음을 다해 축복을 빌었다.

박새

주변에서 부지런히 날아다니면서 먹이를 구하는 작은 새를 본다면 박새일 가능성이 높다. 박새는 꼬리까지의 길이가 14센티미터 정도 되는 작은 새로 우리나라 전역에 걸쳐 번식하는 흔한 텃새이다. 참새목에 속하며 곤충과 식물의 씨, 열매를 먹는다.

이마, 머리 상단, 뒷목은 검은색이고 뒷목에는 흰색 얼룩점이 있다. 등과 어깨는 회색을 띤 녹색, 머리와 위꼬리덮깃은 푸른색이 도는 회색, 뺨은 순백색, 턱밑·멱·윗가슴은 광택이 나는 검은색이다. 배의 중앙에서 아래꼬리덮깃까지는 넥타이를 한 것처럼 검은색의 띠로 연결되어 있다.

야산, 산림, 활엽수림, 침엽수림, 정원, 공원 등지에서 생활한다. 산란기는 4~7월이며 숲속, 공원, 농촌의 인가 근처의 돌 틈, 건물 틈에 둥지를 튼다. 둥지는 다량의 이끼류를 이용하여 밥그릇 형태로 만들고, 안에 동물의 털과 깃털, 솜, 나무껍질을 깔아서 만든다. 번식기에 암수가 서로 함께 살다가 번식을 마치면 쇠박새, 동고비 등과 함께 무리 지어 지낸다. 쇠박새는 넥타이 같은 무늬가 없고, 동고비는 부리에서 목 뒤쪽으로 검은색 눈선이 있어 박새와 구별이 가능하다.

수술과 물리치료를 마치고

넓은 계류장으로 옮겨진 황조롱이.

언제 날개가 부러졌냐는 듯

자유롭게 날아다녔다.

황조롱이는 곧 자연으로 돌아갈 것이다.

도시로 내몰린 황조롱이

아파트 창문에 부딪힌 황조롱이

　야생동물 구조차가 다급하게 달려간 곳은 병원 인근의 아파트 단지였다. 차가 입구에 들어서자마자 기다리던 한 아주머니가 손짓을 했다. 아주머니를 뒤따라 간 곳은 아파트 바로 앞의 화단. 자세히 보니 황조롱이 한 마리가 날아오르지 못하고 땅 위에서 날개를 퍼덕이며 버둥거리고 있었다.

　"베란다에서 화분에 물을 주고 있는데 '쿵' 하는 소리가 나더니 창문에 뭐가 부딪혔어요. 그러더니 밑으로 떨어지더라고. 깜짝 놀라서 창문을 열어 보니까 화단에 새가 퍼덕이고 있지 뭐야. 조금 지나면 날아가겠거니 생각했는데 30분 후에 다시 봐도 글쎄 저놈이 그 자리에서 계속 퍼덕거리기만 하더라고."

사람이 다가가자 놀란 황조롱이는
더욱 거세게 날개를 퍼덕였다. 이대로
두면 땅바닥에 날개를 부딪쳐 더 다칠
수 있는 상황이어서 서둘러 포획채를 이용

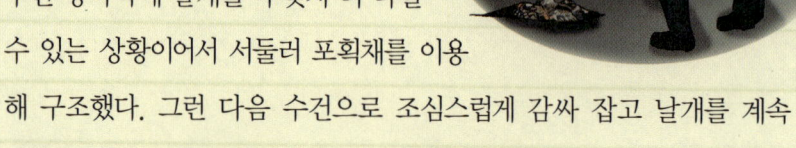

해 구조했다. 그런 다음 수건으로 조심스럽게 감싸 잡고 날개를 계속
퍼덕이는 것을 막기 위해 작은 구조 상자에 넣었다.

절벽 등에 둥지를 트는 황조롱이에게 깎아지른 듯한 높은 건물은 착
시를 일으킬 수 있다. 특히 절벽의 틈처럼 에어컨 실외기가 있는 곳이나
베란다는 황조롱이가 생각하기에 보금자리로 삼기에 알맞은 곳일 수 있
다. 그러다 보니 최근 늘어나는 고층 아파트나 통유리 건물에 터를 잡
으면서 황조롱이는 자연스럽게 도시형 맹금류가 되어 버렸다.

그러나 도시는 황조롱이에게 호락호락한 곳이 아니다. 유리에 반사된
산이나 나무를 보고 착각해서 황조롱이가 유리에 부딪히거나 전기줄에
엉키는 등의 사고가 흔히 일어나고 있다.

병원으로 이송된 황조롱이를 살펴보니 오른쪽 날개가 제대로 펴지지
않았다. 엑스레이 촬영 결과 황조롱이의 오른쪽 날개뼈가 부러진 것이
확인되어 수술을 해야 했다. 하지만 갑작스런 사고와 사람들로 인해 스
트레스를 많이 받은 상태여서 일단 진정시킨 후 수술을 하기로 했다. 황
조롱이는 왼쪽 날개에 수액을 달고 입원실로 옮겨졌다.

부러진 날개뼈 고정수술

수술은 다음 날 진행되었다. 수술에 앞서 수술 부위의 깃털을 뽑고

오염이 되지 않도록 소독을 하고, 마취 후 심박수, 혈압 등의 신체 리듬이 모니터에 잡히자 모두가 숨을 죽인 가운데 수술이 시작되었다.

"깨끗하네. 다행이다."

피부를 절개하고 근육을 젖히자 드러난 뼈의 단면은 깨끗했다. 불행 중 다행이었다. 골절 단면이 깨끗하면 뼈는 최대한 원래 형태와 가깝게 붙을 수 있다. 늦었다면 골절 부위가 썩어서 한쪽 날개를 전부 절단해야 했는데 구조 요청을 빨리 해 준 아주머니께 고마웠다.

부러진 뼈를 어긋나지 않도록 고정시켜 주는 세심함이 중요한 수술이다. 긴장감 속에서 단면과 단면을 잘 맞춘 후 핀으로 고정시켰다. 고정할 때도 얇은 뼈가 부러지지 않도록 조심 또 조심해야 한다.

이제는 황조롱이가 마취에서 깨는 일만 남았다. 수술이 잘 되었다고 하더라고 환자가 마취에서 깨지 못하면 헛수고이므로 아직 수술은 끝난 게 아니다. 마취 가스 주입을 멈추자 얼마 지나지 않아 정신이 좀 드는

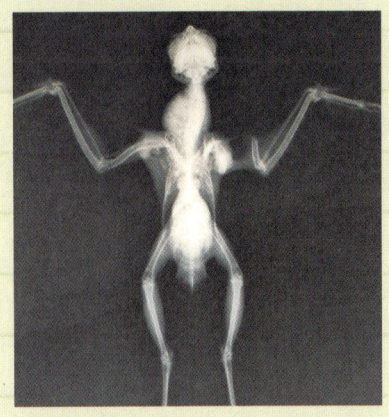

수술 전.
오른쪽 날개뼈가 부러진 것을 확인할 수 있다.

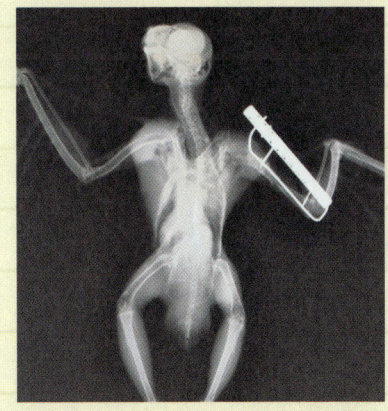

수술 후.
핀으로 날개뼈를 고정했다.

지 황조롱이가 눈을 깜빡이더니 고개에 힘도 주고 날개도 움직이려고 애를 썼다. 잘 깨어났구나.

엑스레이를 찍어 부러진 뼈의 단면이 꼭 맞게 고정된 것을 확인하는 것으로 수술은 성공적으로 끝이 났다. 하지만 수술을 하고 나서 많이 움직이면 상처가 덧나고 핀으로 고정한 부위가 어긋날 수 있으므로 안정을 취할 수 있도록 최대한 작은 케이지 안에 넣어서 쉬도록 했다.

동물도 물리치료가 필요해

일주일 후 황조롱이는 붕대를 풀었다. 오랫동안 붕대를 하면 날개막의 어깨관절부터 손목관절까지 연결하는 피부 주름 인대가 굳을 수 있어서 붕대를 감아두는 기간은 가능한 한 짧은 것이 좋다. 붕대를 풀고 작은 케이지에서 꺼내 넓은 입원실로 옮겼다. 그리고 황조롱이에게는 특별 처방이 내려졌다. 날개막 인대 물리치료!

날개막 인대 물리치료란 날개를 펴고 접는 데 중요한 역할을 하는 날개막 인대를 폈다 접었다 하는 훈련을 꾸준히 시키는 것이다. 이때 한꺼번에 확 늘리면 날개막이 손상되기 때문에 매일 각도를 재서 전날보다 조금씩 각도를 넓혀 주는 방식으로 물리치료를 진행한다.

입원실로 옮긴 지 일주일 정도 지나자 황조롱이는 그사이 입원실 생활이 익숙해졌는지 사람들이 쳐다봐도 신경 쓰지 않고 한쪽 발에 꼭 쥔 먹이를 정신없이 먹을 정도가 되었다. 또 양쪽 날개 모두 정상 범위까지 접었다 폈다 할 수 있게 되었다. 이때가 비행 훈련을 시작할 때이다.

황조롱이는 다시 입원실에서 계류장으로 옮겨졌다. 넓은 계류장으로

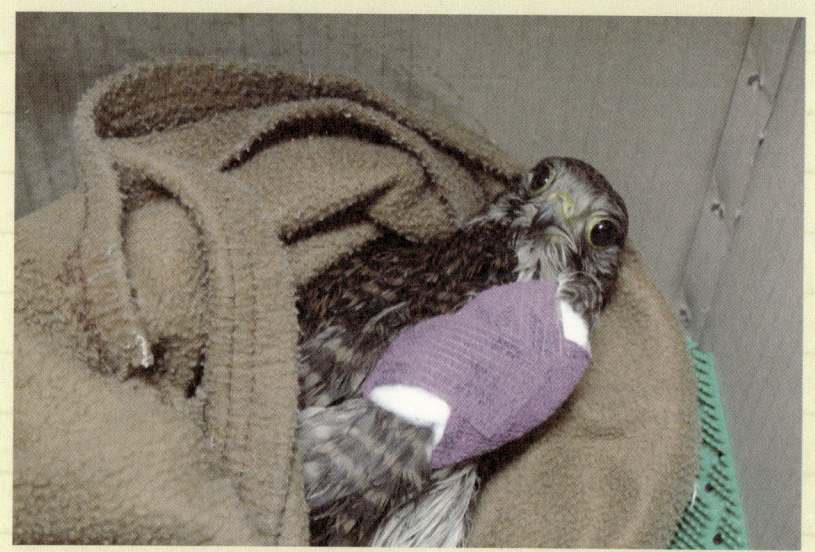

수술 후에는 최대한 적게 움직이도록 작은 케이지 안에서 쉬게 한다.

물리치료를 할 때에는 확 늘리면 날개막이 손상되기 때문에
매일 각도를 재서 조금씩 각도를 넓힌다.

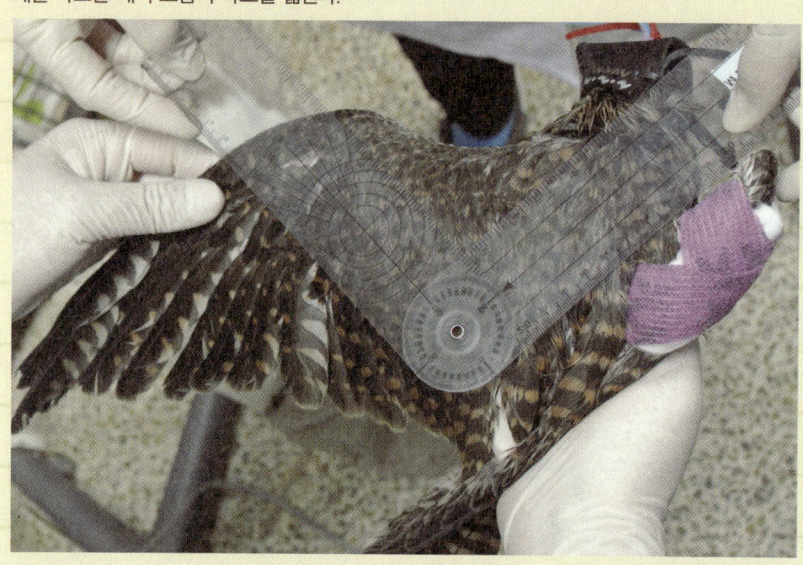

옮겨지자 황조롱이는 언제 날개가 부러졌냐는 듯 이곳저곳을 날아다녔다. 활기차게 날면서 천장에 매달아 놓은 장애물도 유연하게 피했다.
'입원실이 얼마나 답답했는지 알아?'
황조롱이가 하는 말이 들리는 것 같았다. 황조롱이는 곧 자연으로 돌아갈 것이다.

아파트 단지가 아닌 산으로!

어느 야생동물이든 치료를 성공적으로 마치고 자연으로 돌아갈 때에는 이전에 살던 곳에 방생하는 것이 원칙이다. 익숙한 곳이니만큼 먹이를 찾거나 보금자리를 만드는 데 편하기 때문이다. 하지만 황조롱이를 구조한 장소인 아파트 단지에 방생할 수는 없다. 그래서 아파트 단지 근처의 산에 놓아 주기로 했다.

산에 올라가서 숲이 우거진 방향으로 상자 입구를 열어 주었다. 그런데 상자 안에서 꼼짝 하지 않아서 상자를 툭툭 쳤다. 그제서야 밖으로 날아가는 녀석.

"어, 떨어졌어?"

상자를 떠난 황조롱이가 얼마 날아가지 못한 채 땅 위에 내려앉는 것이 아닌가? 놀란 마음에 방생이 실패하나 싶어서 다가가니 그제야 날개를 힘차게 퍼덕이며 나무 사이로 날아갔다. 가슴을 쓸어내렸다.

황조롱이야, 다시는 건물 유리창에 부딪히지 말아라. 다시는 병원에서 만나지 말자.

황조롱이

매과 동물인 황조롱이는 우리나라 전역에 번식하는 텃새이며 맹금류이다. 주로 넓게 펼쳐진 농경지나 시골의 야산을 낀 농경지 등에서 작은 새나 들쥐 등을 잡아먹는다. 직접 둥지를 틀지 않고 절벽의 틈, 버려진 까치집 등 다양한 곳에 둥지를 튼다. 보통은 산지에 서식하나 절벽과 비슷한 고층건물이 많은 도시나 인가 주변, 간혹 아파트 베란다에서 서식하기도 한다.

황조롱이는 비행 기술이 훌륭하다. 날개를 퍼덕이며 직선 비행을 하는데 때로는 원을 그리며 돌기도 한다. 지상 6~15미터 상공에서 꽁지깃을 부채처럼 펴고 한 곳에 떠서 연 모양으로 정지 비행을 하면서 먹이를 찾기도 한다.

황조롱이는 쥐, 두더지, 작은 새, 곤충, 파충류 등 동물성 먹이를 먹는다. 땅에 있는 먹이도 잡고 비행 중인 새도 잡지만 날아오르는 작은 새를 발견하면 빠른 속도로 하강하여 낚아채는 사냥의 고수이다. 단독으로 생활하기도 하지만 암수가 함께 생활하는 금슬 좋은 새이다. 우리나라 맹금류 중에서 비교적 흔한 텃새로 천연기념물로 지정되어 있다.

야생조류 충돌 방지법

버드세이버

　야생동물의 서식지와 사람들의 공간 사이의 경계가 불분명해지면서 황조롱이가 도심, 인가 주변에서 종종 발견된다. 빠른 속도로 비행하는 황조롱이에게 고층건물 유리창은 매우 위험하다. 바로 앞에 유리창이 있음을 알지 못하고 부딪히거나 유리창에 비친 나무나 숲을 보고 충돌한다. 금세 정신을 차리고 다시 날아가면 다행이지만 머리에 충격이 심해 의식을 잃거나 머리뼈나 날개뼈가 부서지면 심각한 경우 죽을 수도 있다.

　야생조류 조난 유형을 분석한 것에 따르면 인공 구조물과의 충돌이 약 28퍼센트로 매우 높은 편이다. 그중 대부분이 건물 유리창과의 충돌로 파악되고 있다. 특히 충돌할 때 빠른 속도로 유리창에 부딪히기 때문에 충돌사고를 당한 새는 77퍼센트가 죽는다. 황조롱이가 서식지를 잃고 도시에 살면서 유리창과 충돌하는 일이 잦은 만큼 새들이 유리창을 알아볼 수 있도록 하는 것이 필요하다.

　버드세이버bird saver가 대표적인 방법으로 빛에 반사되지 않는 검은색 맹금류 모양의 스티커를 유리창에 붙여서 충돌을 막는 역할을 한다. 부산시에서는 2012년 조류 충돌 방지 대책을 실시해서 산, 바다, 강 등 자연과 인접한 대형 유리창이 있는 공공기관 건축물은 반드시 버드세이버를 유리에 붙여야 한다. 또한 새는 사람과 달리 자외선을 볼 수 있으므로 유리창에 자외선을 반사하는 격자를 넣으면 새들이 유리창에 충돌하는 것을 방지할 수 있다.

　새들이 많이 사는 곳에 세워진 큰 건물이나 새들의 충돌 사고가 자주 일어나는 건물에 이런 장치를 설치한다면 사고를 대폭 줄일 수 있다. 특히 쥐 오줌에서 나오는 자외선까지 확인할 수 있는 시력을 가진 황조롱이라면 자외선 격자는 사고를 줄이는 데 큰 도움이 된다.

맹금류 스티커가 붙어 있다.

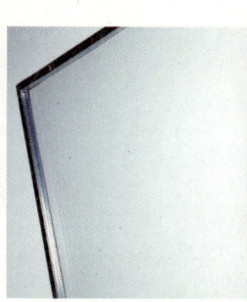
자외선 격자 버드세이버

개선충 치료는 장기전이라서

너구리는 무려 7개월 만에 방생이 결정되었다.

이동장을 나와 펄쩍펄쩍 뛰어가는 너구리.

풍성한 털을 흔들며 사라져 갔다.

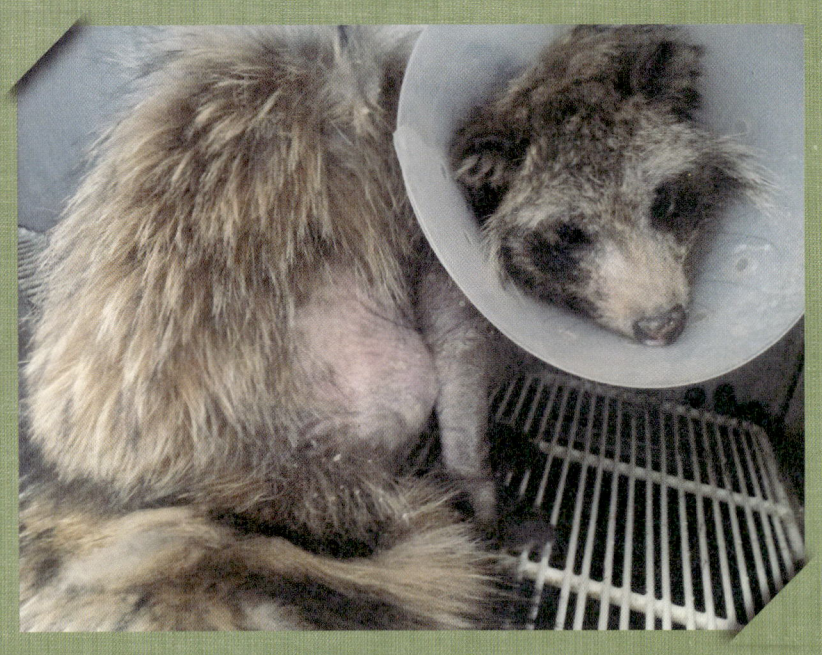

움직이는 바윗덩어리?
병에 걸린 너구리!

꿈틀꿈틀 움직이는 바윗덩어리의 정체는?

바윗덩어리 같기도 하고, 시멘트 덩어리 같기도 한데 도대체 우리 병원으로 온 이유가 뭘까?

"바위가 꿈틀꿈틀 움직이는 것 같아!"

자세히 보니 이 녀석은 너구리였다. 온몸의 털이 빠져 있고, 털이 빠진 곳에는 두꺼운 각질이 덮인 채 갈라져 있었다. 너구리가 숨을 쉴 때마다 갈라진 각질이 움직여 그야말로 바위가 움직이는 것 같았다. 진찰을 하려고 손을 뻗자 이빨을 드러내며 위협했지만 곧 저항을 포기하고 힘없이 고개를 숙였다. 녀석은 고개를 들 힘조차 없어 보였다. 몸에 손을 대 보니 너무 차가웠다. 이 체온으로 살아 있다니 믿기지 않았다.

"너, 살아 있는 거 맞니?"

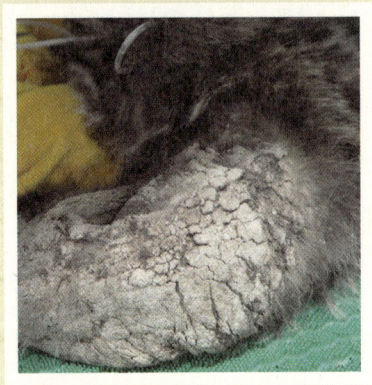
개선충에 감염되어 두꺼운 각질이 피부를 덮고 있다.

호흡을 다시 확인해 볼 정도로 너구리는 급박한 상황이었다. 눈시울이 뜨거워졌다. 이 상태로 추운 날씨를 견디기 위해 굉장히 힘든 시간을 보냈을 터였다. 상태를 자세히 살피려고 이동장 밖으로 꺼내자 처음에는 뒷다리를 버둥거리며 저항하던 너구리는 이내 몸의 힘을 빼고 축 늘어졌다. 얼음처럼 찬 녀석의 몸 밑에 핫팩을 깔고 기생충 검사와 기초 검사를 실시했다. 녀석의 두꺼운 각질 피부 상태로 보아 진드기의 일종인 개선충감염이 의심되었기 때문이다.

"아파도 좀 참아. 한번에 끝내 줄게."

각질 부분을 살짝 떼어내 현미경으로 관찰했는데 기생충이 잘 보이지 않자 어쩔 수 없이 메스로 피부를 피가 날 정도로 긁었다. 살살해서 여러 번 녀석을 괴롭히는 것보다 단번에 끝내는 게 녀석을 위한 거라는 생각에 눈 딱 감고 세게 긁었다. 그러자 미동도 없이 엎드려 있던 녀석이 순간 땅이 꺼져라 긴 한숨을 내쉬었다. 아이고, 얼마나 아팠으면. 미안하다, 미안해. 너구리의 한숨과 동시에 내 얼굴도 찡그려졌다.

벅벅 긁적긁적, 나 숨은 거야?

검사 결과 의심했던 대로 너구리는 개선충감염이었다. 그런데 개선충 감염을 확인하는 순간 모두 긴장했다. 개선충은 다른 동물과 사람도 감염시키기 때문이다. 감염된 너구리는 우선 격리시켰다. 의료진도 최대한 감염된 너구리와의 직접 접촉을 피하고, 만진 후에는 소독을 철저히 하고, 너구리를 만졌을 때 입은 옷이나 너구리가 사용한 담요 등은 바로 세탁을 하기로 했다. 진드기는 옷이나 담요를 통해 전파되기 때문이다.

개선충이란?

개선충 Sarcoptes scabiei은 너구리의 피부를 뚫고 알을 낳으며 진드기의 알은 3~4일 내에 부화하여 성충이 된다. 진드기가 피부 안에서 만들어 내는 배설물과 애벌레, 성충은 심각한 염증 반응과 알레르기 반응을 일으킨다. 감염된 너구리들은 극심한 가려움증으로 먹이 활동을 하지 못해 영양실조가 되기 쉽다. 간지러움 때문에 피부를 반복적으로 긁어서 상처가 난 부위에 세균성·진균성 피부병이 생기고, 피부 밑에 농양도 생긴다. 알레르기성 폐렴이 같이 일어나는 경우가 흔하며, 피하지방이 줄어들고 속털이 빠져서 겨울철에 체온을 유지하기가 어렵다.

구조된 너구리들은 이미 오랜 시간 동안 이 질병을 앓아 이미 건강 상태가 심각하게 악화된 경우가 많다. 물도 마시지 못할 만큼 약해져 있거나 고개를 들어 먹이를 먹을 수 있는 기력조차 남아 있지 않는 경우가 많다. 따라서 피부병에 걸린 너구리는 극도로 취약해진 건강을 회복시키는 것이 우선이다. 대부분 저체온증이 심각하기 때문에 체온을 유지시키고, 탈수를 막기 위해 수액을 주입하면서 스스로 먹이를 먹을 수 있을 때까지 상태를 지켜보아야 한다. 항생제와 구충제를 처방하고, 미지근한 물에 약을 타서 약욕을 시키기도 한다. 그래서 건강을 회복하기까지는 긴 시간의 보살핌이 필요하다. 스스로 먹이를 먹을 정도가 되면 살아날 수 있는 가능성이 보이지만 대부분은 긴 겨울 동안 악화된 피부의 상처와 심각한 탈수, 저체온증을 견디지 못하고 죽어간다.

ⓒ전북대학교 수의과대학 임상병리실

그런데 아무리 조심해도 개선충전염은 피해 가기 어려웠다. 며칠이 지나자 몸 이곳저곳이 간지럽기 시작했다. 씻어도 간지러움이 사라지지 않았다. 마침내 일주일이 지났을 무렵 온몸에 작고 붉은 발적피부에 염증이 생겨 그 부분이 빨갛게 부어오르는 현상이 생기기 시작하더니 가려움증이 폭발했다.

"아, 가려워, 가려워."

하루 종일 벅벅 긁고 다녔다. 그래도 낮에는 참을 만했는데 밤에는 더 심해져 자면서 얼마나 긁었는지 피가 날 지경이었다. 아마도 너구리가 병원으로 온 첫날 바로 옷을 세탁하지 않은 것이 원인인 것 같았다. 개선충 진드기는 사람의 몸에서는 알을 낳는 생활사를 이어가지 못하기 때문에 자연적으로 사라지지만 가려움증이 사라지는 데에는 한 달 이상의 시간이 걸린다. 녀석이 점차 회복되어 가는 한 달여 동안 낮에는 병원에서 너구리를 약욕시키고, 밤에는 집에 와서 내가 약욕을 하는 생활이 반복되었다. 벅벅, 긁적긁적, 몸을 긁어대면서 너구리의 괴로움을 조금이나마 알 수 있었던 시간이다.

알고 보니 말썽꾸러기 너구리

"여기 봐. 밥을 혼자 먹었어."

아침에 청소하려고 너구리의 케이지를 열어 보니 먹이통이 깨끗하게 비어 있었다. 드디어 혼자 밥을 먹은 것이다. 모두 흥분과 기쁨을 감추지 못했다. 병원에 온 지 3일이 지나도 먹지 못하고 수액으로 겨우 버텨 왔는데 처음으로 먹이통을 깨끗이 비웠으니 흥분할 만했다. 동물들이 혼자 밥을 먹는다는 것은 기력을 회복해 가고 있다는 증거이다. 밥을 먹기 시작했으니 앞으로 꽤나 독한 약을 사용하는 치료를 견뎌낼 수 있을 것이다. 조금만 더 너구리가 기운을 내주면 회복 가능성은 점점 더 높아진다.

혼자 밥을 먹기 시작하더니 너구리는 하루가 다르게 생기를 띠었다. 조금씩 살도 붙었고 두꺼운 바위 같았던 각질도 떨어져 나가면서 속살이 보이고 새살이 돋아나기 시작했다. 탈수 때문에 쭈글쭈글했던 피부도 탄력을 되찾고, 초점 없던 퀭한 눈빛도 반짝반짝 빛을 냈다. 이젠 사람이 다가가면 제법 입질(물려고 입을 벌리고 위협하는 모습을 이르는 속어)도 하고 야생 너구리답게 사람을 경계하는 모습도 보였다.

하지만 생기를 되찾은 녀석은 병원의 말썽꾸러기가 되었다. 좁은 입원장이 답답한지 이것저것 물어뜯는 게 일상이었다. 수액을 공급하려고 앞발에 꽂아놓은 혈관 카테터는 사라지기 일쑤였고, 수액이 들어가는 줄 또한 여러 조각으로 잘려 널려 있었으며, 붕대는 뜯겨 입원실 여기저기 어지럽게 널려 있었다. 그런 모습을 볼 때마다 한숨이 나왔지만 어쩌랴. 그게 너구리가 기운을 차리기 시작했다는 좋은 징조인 것을!

바위 옷을 벗고 집으로 가던 날

개선충에 감염된 너구리 치료는 장기전을 요한다. 이번에도 무려 7개월을 씨름한 후에 너구리는 방생이 결정되었다. 방생하던 날, 차에 올라타니 7개월 전 긴 겨울 중에서도 가장 추웠던 날 처음 구조되어 왔던 모습이 떠

회복되어 조금씩 털이 나기 시작했다.

올랐다. 아직도 그때의 차가운 피부의 시린 감촉이 생생하다. 이제 너구리는 완전히 정상 모습을 되찾았다. 시멘트를 뒤집어쓴 것 같던 피부에는 거짓말처럼 윤기 나는 털이 풍성하게 자랐다. 속털까지 빽빽하게 자란 털을 보니 뿌듯했다.

녀석이 발견된 인가 근처의 산에 차를 세우고 여름 숲이 우거진 산의 중턱에 녀석을 풀어주기로 했다. 그런데 이동장 문을 열었는데도 숲에서 들리는 새소리와 바람에 흔들리는 나뭇잎 소리, 풀벌레 소리가 어색한지 한동안 이동장 밖으로 나올 생각을 하지 않았다. 모두 숨죽이고 이동장 입구만 바라보고 있었다. 그렇게 십여 분 정도가 흘렀을까? 너구리는 조심스럽게 앞발을 이동장 밖으로 내딛었다. 그러고는 몇 분 동안 망설이던 모습과는 달리 한 번에 펄쩍 뛰어 이동장을 벗어났다. 좁은 이동장을 벗어나 7개월 만에 밟아 보는 흙의 감촉은 어떨까? 오랜만에 맡는 나무 냄새, 바람 냄새를 맡으며 펄쩍펄쩍 뛰어가는 뒷모습을 보니 코끝이 찡했다.

"잘 살아. 그동안 고생 많았다."

풍성한 털을 흔들며 사라지는 모습을 보니 마음이 놓인다. 아프지 말고, 오래오래 잘 살아가기를. 부디 앞으로 맞을 수많은 겨울 동안 풍성한 털로 추위를 이겨내고 씩씩하게 살아가기를.

방생하는 날. 풍성한 털을 되찾은 모습.

너구리의 서식지 파괴와 개선충

너구리는 주로 물고기가 풍부한 물가나 늪지, 깊지 않은 산림이나 골짜기, 평지 등 우리나라 전역에 서식하는 흔한 야생동물이다. 주로 낮에 잠을 자고 밤에 활동하는 야행성 동물이다. 너구리는 대식가로 한 번에 많은 양의 먹이가 필요한데 특히 겨울에는 추위를 이겨내기 위해 더 많은 양의 먹이가 필요하다.

그러나 현재 우리나라는 너구리가 마음 놓고 먹이 활동을 할 수 있는 환경이 못된다. 너구리의 서식지에 사람들이 집을 짓고, 도로를 만들고, 농사를 짓는 바람에 너구리들은 더 깊은 숲 속으로 쫓겨 나가나 민가 주변을 어슬렁거리며 힘든 삶을 이어가고 있다. 이런 이유로 최근 환경부에 따르면 로드킬로 죽는 동물 중 너구리와 고라니가 1, 2위를 다툴 만큼 너구리는 사람과 가까운 곳에 살고 있다.

이렇듯 서식지가 훼손된 상황에서 먹이 경쟁에서 밀린 너구리들은 긴 겨울을 보내며 추위와 배고픔에 체력이 약해지는데, 개선충은 면역력이 떨어진 이 틈을 노려 너구리를 공격한다. 건강한 너구리는 개선충에 감염되어도 스스로 이겨낼 수 있는 면역력이 있지만 이미 추위와 배고픔에 약해진 너구리는 한 번 감염되면 되돌리기 어려운 지경이 된다.

개선충에 감염된 너구리들은 체력이 약해져 겨울철 눈 덮인 산속에서 먹이를 구할 힘이 없어서 먹을 것을 찾아 민가로 내려온다. 이것이 겨울철 민가에서 개선충 너구리가 많이 발견되는 이유이다. 온몸에 털이 빠져 체온이 떨어진 상태에서 허기진 채 민가를 어슬렁거리는 너구리들이 개에게 물려죽는 경우도 빈번하다. 농수로에 빠져 죽거나 로드킬, 농약, 밀렵 등의 이유로, 닭서리를 하다가 덫에 걸려 죽기도 한다. 다행히 구조되어 야생동물병원으로 와도 이미 치료 시기를 놓친 경우가 많다.

개선충에 감염된 너구리들의 비참한 최후만 보더라도 사람들에 의한 동물의 서식지 파괴가 직간접적으로 동물들의 삶에 얼마나 큰 영향을 끼치는지를 알 수 있다.

면역력이 떨어진 너구리가 개선충에 감염되면 살아나기 어렵다.

여름철새들이 다시

우리나라를 찾는 계절이 돌아왔다.

긴 겨울을 잘 견뎌 준 노랑부리백로가 다시

창공을 가를 시기가 온 것이다.

ⓒ 김석이

1년을 기다린 백로의 귀향

우아한 백로가 그물에 걸려 버둥버둥

가을 초입, 야생동물병원에 전화 한 통이 걸려왔다. 냇가에 설치해 놓은 고기잡이용 그물에 새가 걸렸다는 것이다. 구조를 나가 보니 그물에 걸려 있는 물고기를 먹으려다 자기도 그물에 걸린 백로가 버둥거리고 있었다. 우아하기로 소문난 백로가 버둥버둥대는 모습이 우스꽝스러웠다. 그렇게 구조된 백로는 백로 중에서도 국제적으로 멸종위기종인 노랑부리백로로 우리나라를 지나는 여름철새였다.

그런데 상태를 보니 생각보다 좋지 않았다. 날개뼈가 부러져 있었는데 그나마 다행인 것은 골절된 지 오래되지 않아 수술하면 다시 날갯짓을 할 수 있다는 것이었다. 수술은 빠를수록 좋았지만 오랫동안 먹이를 먹지 못했는지 탈수와 기아 상태가 심해서 일단 미루기로 했다. 기력이 없는 상태에서는 수술을 해도 수술 후의 상태가 나쁠 수 있기 때문에 우선 기력부터 찾아주기로 했다.

백로는 날개를 들 기력도 없는지 날개가 계속 밑으로 처질 정도로 상태가 나빴다. 검사 결과 별다른 이상은 없었다. 일단 수분과 영양 보충을 위해 수액을 주입하고, 노랑부리백로가 좋아할 만한 미꾸라지를 먹이로 줬다. 그러자 미꾸라지의 움직임에 관심을 보이더니 긴 부리로 미꾸라지를 잡아채 곧잘 먹기 시작했다. 식욕이 살아 있는 것을 보니 금방 기력이 회복될 좋은 조짐이었다.

백로는 부리에 이빨은 없지만 톱날과 같은 미세 구조를 가지고 있어서 미꾸라지처럼 미끄러운 물고기를 놓치지 않고 잘 잡아서 먹는다. 미꾸라지를 잘 먹고, 구충제도 먹이니 며칠이 지나 백로는 금방 체력을 되찾았다. 수술실로 향할 준비가 끝난 것이다.

백로를 위한 러브하우스

백로의 부러진 날개뼈를 붙이는 수술은 순조롭게 진행되었다. 그런데 이번 경우는 수술보다 긴 재활 시간이 더 문제였다. 이미 백로가 날아갈 시기가 지났기 때문이다. 새들의 경우 골절수술을 한 뼈가 붙는 데에는 3주 정도의 시간이 걸리는데 3주 후면 가을이다. 여름철새인 노랑부리백로를 겨울이 다가오는 가을에 풀어줄 수는 없었다. 그래서 다음 해 여름이 올 때까지 야생동물병원에서 지내는 장기 계류를 결정했다.

장기 계류가 결정되자 노랑부리백로를 위해 준비해야 할 것이 의외로 많았다. 우선 노랑부리백로가 들어갈 계류장이 필요했다. 기존 물웅덩이가 있는 곳에는 왜가리, 해오라기가 있었고, 다른 일반 계류장에는 너구리, 황조롱이 등이 있어서 같은 공간을 쓰기가 어려웠다. 결국 노랑부리백로를 위한 공간을 최대한 서식지와 비슷한 환경으로 새로 만들어주기로 했다.

그런데 노랑부리백로를 위한 특별 계류장 만들기가 만만하지 않았다. 일단 부지를 정한 후 땅을 파서 물웅덩이를 만들고, 앉아서 쉴 수 있는 횃대, 지푸라기로 둥지를 만들었다. 또 계류장에 오래 있으면서 사람들이 주는 먹이를 받아먹기만 하면 사냥 본능을 잃어버릴 수 있어서 살아 있는 미꾸라지를 넣을 수조도 필요했다. 그야말로 장기 투숙객을 위한 러브하우스 조성 프로젝트였다.

"어, 뭐야. 기쁘지 않은 거야?"

그런데 나름 최선을 다해 러브하우스를 만들었건만 노랑부리백로의 반응이 영 시원치 않았다. 우리는 계류장으로 옮기자마자 백로가 기쁨

에 겨워 큰 날갯짓이라도 할 줄 알았다. 그런데 기대와 달리 백로는 낯선 환경에 경계심을 느꼈는지 두리번거리면서 경계 자세를 취했다. 결국 계류장에서 나와 CCTV로 관찰하기로 했다. 그러자 자기를 보는 눈이 사라진 것을 느낀 백로가 긴장을 풀기 시작했다. 얼마 지나지 않아 경계심도 풀고 먹이도 곧잘 먹었다. 활동성도 좋아 보였다. 이렇게 노랑부리백로와 야생동물병원 식구들의 긴 동거가 시작되었다.

겨울 추위에 여름철새인 백로가 쓰러지다

　백로가 병원에서 생활한 지 몇 달이 지나자 추운 겨울이 왔다. 안 그래도 추위에 약한 백로가 걱정된 그날 아침, 계류장에 들어가니 백로가 쓰러져 있었다. 쓰러진 백로를 보고 얼마나 놀랐는지 추위도 다 잊어버렸다. 추위를 대비해서 계류장에 바람막이를 설치했지만 물이 얼 정도의 한파에 백로의 체온이 크게 떨어진 것 같았다. 정신없이 쓰러진 백로를 안고 치료실로 뛰어갔다.
　"핫팩이랑 드라이어! 빨리 빨리!"
　급히 핫팩 위에 백로를 눕히고 드라이어로 따뜻한 바람을 쐬어 주었다. 골수강골수가 차 있는 뼈의 중간 공간에 카테터를 장착해서 따뜻한 수액을 공급하면서 체온을 체크했다. 조류의 정상 체온인 41도로 체온을 끌어올려야 했다. 숨막히는 시간이 지나가고 있었다. 그렇게 40분 정도가 지났을까. 다행히 백로의 체온이 39도를 넘어가면서 몸에서 더 이상 냉기가 느껴지지 않았다.
　'휴, 살았다.'

노랑부리백로도 스스로 노력했다. 다리도 조금씩 움직여 보려 애쓰고, 발도 움켜쥐려고 노력했다. 낯선 추위에 백로도 얼마나 놀라고 힘들었을까. 백로와 병원 식구 모두에게 힘든 고비가 또 한 번 지나갔다.

일단 안도감은 들었지만 앞으로 추운 겨울을 어떻게 지내야 할지 걱정이 앞섰다. 그래서 백로 사건 이후 실내 계류장을 하나 만들기로 했다. 창고 하나를 정리해서 백로 외에 야외에서 버티기 힘든 동물들을 실내에서 함께 키우기로 했다. 공간을 넓혀 운동 부족이나 스트레스를 덜 받도록 했고, 무엇보다 추운 겨울바람으로부터 동물들의 체온을 지킬 수 있도록 단열을 철저히 했다. 백로가 고생하기는 했지만 덕분에 다른 동물들도 겨울을 안전하게 날 수 있는 아늑한 보금자리를 얻었다.

붕대를 감고 있는 중대백로.

노랑부리백로가 선물로 준 아름다운 군무

여름철새들이 다시 우리나라를 찾는 계절이 돌아왔다. 긴 겨울을 잘 견뎌 준 노랑부리백로가 다시 창공을 가를 시기가 온 것이다. 백로 방생을 위해 가장 먼저 할 일은 이번 여름에 온 백로 무리를 찾아 그 무리에 낄 수 있도록 하는 것이었다. 햇살 따가운 날을 방생 날짜로 정하고 인근에 백로 도래지가 있다는 소식에 노랑부리백로를 데리고 그곳으로 향

했다.

"저기 백로들이 있네. 여기에 놔주자."

멀리 백로 무리가 보였다. 중대백로 무리인 것 같았다. 사람이 가까이 가면 백로 무리가 놀랄 수 있어 무리에서 100여 미터 떨어진 곳에 노랑부리백로를 풀어 주었다. 이제부터는 백로 스스로 길을 찾아가야 했다. 우리는 멀리서 움직임을 관찰했다. 무리는 낯선 노랑부리백로의 출현에 경계심을 보이고, 노랑부리백로도 낯선 환경에 움츠려 무리 속에 바로 끼어들지 못했다. 하지만 배척당하는 것 같지는 않았다. 이럴 때는 시간이 약이다.

시간이 좀 흐르니 노랑부리백로가 이내 무리와 섞이더니 자연스럽게 무리 사이를 걸어다니기 시작했다. 성공인가? 혹시 돌발 상황이 생기지는 않을지 걱정되어 한 시간 넘게 관찰했는데 우리의 걱정과 달리 녀석은 잘 적응하는 것 같았다. 그리고 해가 지기 시작할 무렵 마침내 노랑부리백로는 다른 백로와 함께 후드득 날아올라 멋진 군무를 보여 주었다. 우리에게 보내는 마지막 인사였을까?

백로

©Drakesketchit

   백로라는 이름이 들어간 새는 굉장히 많다. 쇠백로, 중백로, 중대백로, 황로, 흑로, 노랑부리백로 등 모두 백로라는 이름을 쓰지만 다른 종이다. 종이 굉장히 다양한데 종에 따라 깃의 색부터 크기까지 생김새가 모두 다르다.

   그중에서 노랑부리백로는 우리나라에서 여름을 나고 홍콩, 대만, 필리핀, 중국 등 따뜻한 곳으로 날아가는 여름철새이다. 노랑부리백로는 몸이 하얀 깃털로 덮여 있고 여름철에는 부리가 진한 노란색을 띠는 것이 가장 큰 특징이며, 눈의 앞부분이 푸른색이다. 눈매가 매서워 그냥 보기에 인상이 고약해 보인다. 검은색의 가늘고 긴 다리, 노란색 발도 특징적이다. 특히 번식기인 여름과 비번식기인 겨울의 겉모습이 많이 다른데 겨울에는 장식깃이 없어지고 부리는 흑갈색이 된다. 논이나 개울가에서 4~5마리씩 무리 지어 생활하며 어류, 갑각류 등을 먹이로 한다.

   노랑부리백로는 최근 산업화와 항구기지, 양식업 등 여러 가지 개발 때문에 갯벌과 하구의 서식지가 줄어들어 점점 우리나라에서 보기 힘들어지고 있다. 세계적으로도 개체수가 줄어들고 있어서 현재 지구상에 2,600~3,400마리 정도 남아 있다. 국제적으로 보호를 받고 있는 종이므로 노랑부리백로가 번식하는 4~8월에는 번식지의 출입을 금지하여 편안히 번식할 수 있도록 도와줘야 한다. 우리나라에서는 천연기념물, 멸종위기종 1급으로 지정되어 있다.

위기의 철새도래지
한국

© 김석이

    우리나라는 세계에서도 손꼽히는 철새도래지이다. 특히 전북과 충남 사이의 금강하구, 충남 서해안의 천수만, 경남 창원시의 주남저수지는 철새들에게 최고의 번식 환경을 제공하는 우리나라 3대 철새도래지이다. 이곳은 특히 겨울에 가창오리, 청둥오리, 기러기 등 각종 희귀 철새 수만 마리가 만들어 내는 군무를 볼 수 있는 곳이기도 하다.

    우리나라에는 크게 여름철새와 겨울철새가 머물다가 간다. 여름철새는 이른 봄에 남쪽에서 날아와 번식하고 겨울을 나기 위해 가을에 다시 남쪽으로 이동하는 새로 뻐꾸기, 꾀꼬리, 백로, 뜸부기, 제비, 파랑새, 솔부엉이 등이다. 겨울철새는 봄, 여름에 주로 시베리아 등지에서 번식하고 가을에 우리나라를 찾아와 겨울을 지내는 새로 고니, 기러기, 독수리, 두루미 등이다.

    철새는 이동할 때 주로 V자 형태의 편대를 이루면서 비행하는데 우두머리 새가 꼭짓점에 위치해 편대를 이끌고 수백 킬로미터에서 수천 킬로미터의 거리를 이동한다. 이동할 때 우두머리 새가 지치면 체력이 가장 많이 남은 새가 우두머리를 맡아 편대를 이끌어 안전하게 목적지에 도착할 수 있도록 끝까지 함께한다.

하지만 철새가 모두 목적지로 돌아가는 것은 아니다. 사람들이 쳐 놓은 그물에 걸리거나 밀렵으로 잡히고, 농약이 묻은 볍씨로 인해 수십 마리가 집단으로 죽는 안타까운 일도 발생한다. 게다가 지구의 콩팥이라고 할 수 있는 갯벌이나 습지가 줄어들면서 철새들의 서식지가 줄어드는 것도 큰 문제이다. 특히 세계 5대 갯벌 중 하나였던 우리나라 서해안의 새만금 갯벌이 사라지고 천수만에도 대규모 방조제가 들어서면서 바닷물 수질이 악화되고 있다. 먹이가 풍부한 서식지가 사라지고 다양성을 잃은 서식지 단순화는 전체적인 종 다양성 감소로 이어지고 있다.

다행스럽게도 최근 철새에 대한 관심이 높아지면서 철새 보호에 대한 시민의식 또한 높아지고 있다. 추수가 끝난 논에 물을 대 철새가 쉴 수 있는 공간을 만들어 주거나, 볏짚을 남기거나 볍씨를 뿌려서 먹이를 풍부하게 해 주기도 한다. 유명 철새도래지에서는 갈대로 구조물을 만들어 멀리서 몸을 숨기고 지켜보거나 소리를 질러 새들이 놀라지 않게 하는 등 성숙한 생태관광 문화가 생기는 것도 반가운 일이다. 이런 시민의식이 모이면 우리나라를 찾은 철새가 인간에 의해 다쳐서 1년 넘도록 계류장에 갇혀서 지내다가 방생되는 일은 줄어들 것이다. 그래서 한국의 철새도래지가 많은 철새들에게 하늘을 마음껏 날고, 풍성하게 먹으면서 편안히 쉬다가 돌아갈 수 있는 곳이 되기를 바란다.

전북 야생동물병원
구조 현황

우리나라에는 전국에 야생동물병원이 총 11개 있다. 그중 전라북도 야생동물병원은 전북대학교 산학협력단의 부속기관으로 2009년 4월 30일에 문을 연 이래 2012년까지 총 2,229마리가 구조되었다. 2009년 136마리, 2010년 352마리, 2011년 705마리, 2012년 1,036마리로 매년 증가 추세이다. 구조된 동물은 포유류 810마리, 조류 1,411마리, 기타 8마리이다.

구조된 동물 현황

2011년 전라북도 야생동물병원 통계에 따르면 구조된 포유류 305마리 중 너구리가 45.2퍼센트(138마리)로 가장 많았고, 다음으로 고라니가 42.6

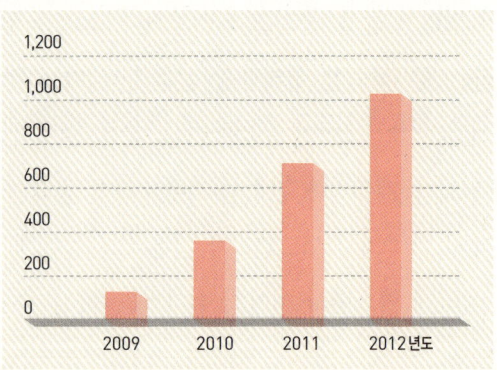

퍼센트(130마리)였다. 조류 398마리 중에서 멸종위기종 및 천연기념물은 황조롱이 8.5퍼센트(34마리), 솔부엉이 7.7퍼센트(31마리), 소쩍새 6.2퍼센트(25마리), 수리부엉이 5.7퍼센트(23마리), 큰소쩍새 2.5퍼센트(10마리)였다.

부상의 원인

부상의 원인은 자연적 사고(인가에 들어와 건물에서 나가지 못하거나 농수로에 빠져서 혹은 천적에게 공격을 당하는 등)의 경우가 29.1퍼센트(205건)로 가장 많았고, 어미를 잃어 구조된 동물이 22.4퍼센트(158건), 교통사고가 13.0퍼센트(92건), 전선이나 건물과 충돌하여 구조된 경우가 9.1퍼센트(64건), 기아 및 탈진이 5.5퍼센트(39건), 덫이나 올가미에 걸린 경우가 4.4퍼센트(31건), 바이러스 감염이 2.6퍼센트(18건), 기타 13.9퍼센트(98건) 등이었다. 기타는 전선이나 펜스에 얽힌 경우, 총상, 중독, 끈끈이, 기름 노출 등이었다.

교통사고, 덫, 올가미, 총상, 건물에 충돌, 전기줄이나 펜스에 감긴 경우 등 인간이 원인 제공자인 경우가 30퍼센트(205건)로 매우 높다. 또한

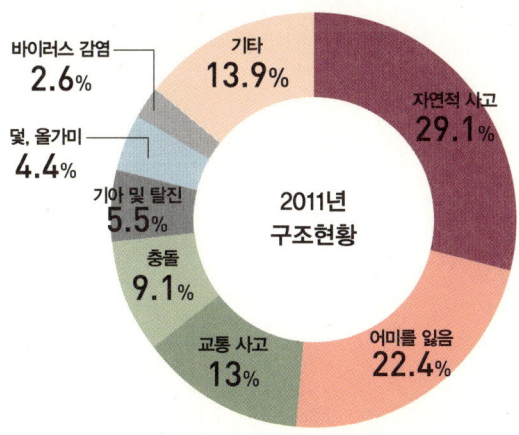

교통사고나 전선, 건물에 부딪혀 다치면 방생되는 비율보다 죽거나 안락사되는 비율이 훨씬 높다. 인간이 만들어 낸 구조물에 의해 사고를 당하면 야생으로 돌아가서 정상적인 생활을 하기 어려울 정도로 심각한 부상을 입는 경우가 많음을 의미한다.

또한 어미를 잃고 구조된 경우가 22.4퍼센트로 상당히 높은 비율을 차지한다. 그런데 새끼를 잘못 구조하는 경우가 많으므로 새끼를 구조할 때는 미아인지를 확인하는 과정이 반드시 필요하다.

구조된 동물은 어떻게 되었나?

구조된 동물들의 이후 현황을 살펴보면 '구조 후 폐사'가 58.8퍼센트(415마리)로 가장 높았고, '방생'은 30.2퍼센트(213마리), '현재 치료중이거나 영구장애로 판단된 경우'가 6.3퍼센트(45마리)였으며, 안락사는 4.5퍼센트(32마리)였다.

또한 총 158마리의 동물이 어미를 잃어 구조되었는데 그 중 26.5퍼센트(42마리)가 성장하여 자연 방생되었고, 73.5퍼센트는 끝내 살리지 못했다.

야생동물 구조관리센터 현황

센터명	소재지	연락처	운영기관
서울	서울시 관악구 관악로 1	02-880-8659	서울대학교 수의과대학
부산	부산시 사하구 낙동남로 1240-2	051-209-2091	낙동강 에코센터
대전	대전시 유성구 궁동 대학로 99	042-821-7930	충남대학교 수의과대학
울산	울산시 남구 옥동 506-3	052-256-5322	울산대공원
경기도	경기도 평택시 진위면 동천길 132-93	031-8008-6212	경기도 동물위생시험소
강원	강원도 춘천시 강원대학길 1	033-250-7504	강원대학교 수의과대학
충북	충북 청주시 청원구 양청4길 45	043-216-3328	충북대학교 수의과대학
충남	충남 예산군 예산읍 대학로 54 (공주대학교 산업과학대학 내)	041-334-1666	공주대학교 산학협력단
전북	전북 익산시 고봉로 79번지	063-850-0983	전북대학교 수의과대학
전남	전남 순천시 순천만길 922-15	061-749-4800	순천시 환경보호과
경북	경북 안동시 도산면 퇴계로 2150-44	054-840-8250	경상북도 산림자원개발원
경남	경남 진주시 진주대로 501 (가좌동 900)	055-754-9575	경상대학교 수의과대학
제주	제주도 제주시 산천단남길 42	064-752-9982	제주대학교 수의과대학
종복원기술원	전남 구례군 마사면 화엄사로 402-25	061-783-9585	국립공원공단 야생동물의료센터
인천	인천시 연수구 송도동 13-20 (솔찬공원내)	032-858-9702	인천시 보건환경연구원
광주	광주시 서구 유촌동 719-2일원	062-613-6651	광주시 보건환경연구원

* 2020년 1월 기준_환경부 제공

참고문헌

국립문화재연구소(2011), 〈수달(천연기념물 제330호) 서식지(금강수계)현장 조사 연구〉
국토해양부 국토지리정보원(2012. 1), 《국가 공간정보 통계자료집》
국토해양부(2012. 2.), 〈2011 도로백서〉
김영준 외 3인(2008), 《천연기념물(야생동물)의 구조·치료 및 관리》, 문화재청
김영준(2006), 〈한국 야생동물 조난원인 유형분석〉, 서울대학교대학원 수의학과 석사학위논문
김진한·김화정·허위행·김성현(2010), 〈철새이동경로 및 도래실태연구〉, 국립생물자원관
나호준(2008), 〈구조물—생태 상호관계의 분석을 통한 생태통로의 유지관리에 관한 연구〉, 한양대학교 공학대학원 석사학위논문
농림수산식품부 자원환경과(2012. 9. 10), 〈낚시도구의 납추 사용금지, 환경보호의 시작〉, 보도자료
국립환경과학원 생태복원과(2008), 〈야생동물 생태통로 설치효과 및 로드킬 방지대책〉
문화재청(2009), 〈천연기념물 동물치료소 관리지침〉
송순창(2011), 《세밀화로 보는 한반도 조류도감》, 김영사
양일석 외 14인(2006), 《수의생리학》, 광일문화사
이우신 외 2인(2000), 《한국의 새》, LG상록재단
환경부·한국 야생동물구조관리센터 협의회(2012), 《한국 야생동물 구조·관리 백서》
환경부(1999), 〈야생조수보호 및 수렵업무 편람〉
환경부(2006), 〈생태계보전지역 지정현황〉
환경부(2010. 6), 〈생태통로 설치 및 관리지침〉
환경부(2012), 2012년 겨울철 야생동물 밀렵 밀거래 단속계획
G. M. Urquhartu 외 4명(2007), 《수의기생충학》, 농경 애니택
Sherwood, Klandorf, Yancey(2009), 《동물생리학》, 라이프사이언스

경남일보, 〈로드킬, 신고만 해도 1만원 준다〉(2012. 9. 24)
한겨레신문, 〈전주 완산 체육공원에 수달가족 떴다〉(2012. 3. 16)
오마이뉴스, 〈야생동물 밀렵꾼, 죄의식도 없다〉(2007. 1. 8.)
연합뉴스, 〈부산시, 고층 건물 조류 충돌 방지 대책 세운다〉(2012. 7. 25)

KBS, 〈환경스페셜 특별기획 3부작 바다와 인간 - 제1편 : 중금속 납의 위험한 여행〉(2012. 8. 22)
EBS, 〈하나뿐인 지구 밀렵수난사! 야생동물의 겨울나기〉(2011. 3. 10)
KBS, 〈환경 스페셜 삵, 산골마을로 내려오다〉(2012. 8. 31)

참고 사이트

Gary Ritchison, "Digestive System: Food & Feeding Habits", *Lecture note of ornithology*,
    http://people.eku.edu/ritchisong/birddigestion.html"
국토해양부 http://www.mltm.go.kr/
야생생물관리협회 http://www.kowaps.or.kr
문화재청 http://www.cha.go.kr
환경부 http://www.me.go.kr
야생생물관리협회 http://www.kowaps.or.kr
충남야생동물구조센터 홈페이지 http://cnwarc.blogspot.kr
국토해양부 http://www.mltm.go.kr/

책공장더불어의 책

숲에서 태어나 길 위에 서다 (환경부 환경도서 출판 지원사업 선정, 환경정의 청소년 올해의 환경책, 서울시 교육청 교사 독서교육 프로그램 교재 선정)
한 해에 로드킬로 죽는 야생동물은 200만 마리다. 인간과 야생동물이 공존할 수 있는 방법을 찾는 현장 과학자의 야생동물 로드킬에 대한 기록.

동물복지 수의사의 동물 따라 세계 여행
(한국출판문화산업진흥원 중소출판사 우수콘텐츠 제작지원 선정, 학교도서관저널 추천도서, 환경정의 청소년 올해의 환경책)
동물원에서 일하던 수의사가 동물원을 나와 세계 19개국 178곳의 동물원, 동물보호구역을 다니며 동물원의 존재 이유에 대해 묻는다. 동물에게 윤리적인 여행이란 어떤 것일까?

동물원 동물은 행복할까?
(환경부 선정 우수환경도서, 학교도서관저널 추천도서)
동물원 북극곰은 야생에서 필요한 공간보다 100만 배, 코끼리는 1,000배 작은 공간에 갇혀서 살고 있다. 야생동물보호운동 활동가인 저자가 기록한 동물원에 갇힌 야생동물의 참혹한 삶.

동물 쇼의 웃음 쇼 동물의 눈물
(한국출판문화산업진흥원 청소년 권장도서, 한국출판문화산업진흥원 청소년 북토큰 도서)
동물 서커스와 전시, TV와 영화 속 동물 연기자, 투우, 투견, 경마 등 동물을 이용해서 돈을 버는 오락산업 속 고통받는 동물들의 숨겨진 진실을 밝힌다.

고통 받은 동물들의 평생 안식처 동물보호구역
(환경정의 올해의 어린이 환경책, 한국어린이교육문화연구원 으뜸책)
고통 받다가 구조되었지만 오갈 데 없었던 야생동물들의 평생 보금자리. 저자와 함께 전 세계 동물보호구역을 다니면서 행복 하게 살고 있는 동물들을 만난다.

다정한 사신
일러스트레이터 제니 진야가 그려낸 고통받은 동물들을 새로운 삶의 공간으로 안내하는 위로의 그래픽 노블.

적색목록 (한국만화영상진흥원의 2021년 다양성만화제작 지원사업과 2023년 독립출판만화 제작 지원사업 선정)
끝없이 멸종위기종으로 태어나 인간에게 죽임을 당하는 동물들을 그린 그래픽 노블. 인간은 홀로 살아남을 것인가?

황금 털 늑대 (학교도서관저널 추천도서)
공장에 가두고 황금빛 털을 빼앗는 인간의 탐욕에 맞서 늑대들이 마침내 해방을 향해 달려간다. 생명을 숫자가 아니라 이름으로 부르라는 소중함을 알려주는 그림책.

동물은 전쟁에 어떻게 사용되나?
전쟁은 인간만의 고통일까? 자살폭탄 테러범이 된 개 등 고대부터 현대 최첨단 무기까지, 우리가 몰랐던 동물 착취의 역사.

전쟁과 개 고양이 대학살
1939년, 영국에서 한 달 동안 40만 마리의 개, 고양이가 안락사됐다. 전쟁시 인간에게 반려동물이란 무엇일까?

동물주의 선언
현재 가장 영향력 있는 정치철학자가 쓴 인간과 동물이 공존하는 사회로 가기 위한 철학적·실천적 지침서.

동물노동
인간이 농장동물, 실험동물 등 거의 모든 동물을 착취하면서 사는 세상에서 동물노동에 대해 묻는 책. 동물을 노동자로 인정하면 그들의 지위가 향상될까?

동물학대의 사회학 (학교도서관저널 올해의 책)
동물학대와 인간 폭력 사이의 관계를 설명한다. 페미니즘 이론 등 여러 이론적 관점을 소개하면서 앞으로 동물학대 연구가 나아갈 방향을 제시한다.

묻다 (환경정의 올해의 환경책)
구제역, 조류독감으로 거의 매년 동물의 살처분이 이뤄진다. 저자는 4,800곳의 매몰지 중 100여 곳을 수년에 걸쳐 찾아다니며 기록한 유일한 사람이다. 그가 우리에게 묻는다. 우리는 동물을 죽일 권한이 있는가.

동물을 만나고 좋은 사람이 되었다
(한국출판문화산업진흥원 출판 콘텐츠 창작자금지원 선정)

개, 고양이와 살게 되면서 반려인은 동물의 눈으로, 약자의 눈으로 세상을 보는 법을 배운다. 동물을 통해서 알게 된 세상 덕분에 조금 불편해졌지만 더 좋은 사람이 되어 가는 개·고양이에 포섭된 인간의 성장기.

동물을 위해 책을 읽습니다
(한국출판문화산업진흥원 출판 콘텐츠 창작자금지원 선정)

우리는 동물이 인간을 위해 사용되기 위해서만 존재하는 것처럼 살고 있다. 우리는 우리가 사랑하고, 함께 입고 먹고 즐기는 동물과 어떤 관계를 맺어야 할까? 100여 편의 책 속에서 길을 찾는다.

동물에 대한 예의가 필요해
일러스트레이터인 저자가 지금 동물들이 어떤 고통을 받고 있는지, 우리는 그들과 어떤 관계를 맺어야 하는지 그림을 통해 이야기한다. 냅킨에 쓱쓱 그린 그림을 통해 동물들의 목소리를 들을 수 있다.

실험 쥐 구름과 별
동물실험 후 안락사 직전의 실험 쥐 20마리가 구조되었다. 일반인에게 입양된 후 평범하고 행복한 시간을 보낸 그들의 삶을 기록했다.

사향고양이의 눈물을 마시다
(한국출판문화산업진흥원 우수출판콘텐츠 제작 지원 선정)

내가 마신 커피 때문에 인도네시아 사향고양이가 고통받는다고? 나의 선택이 세계 동물에게 미치는 영향. 동물을 죽이는 것이 아니라 살리는 선택에 대해 알아본다.

동물들의 인간 심판
동물을 학대하고, 학살하는 범죄를 저지른 인간이 동물 법정에 선다. 고양이, 돼지, 소 등은 인간의 범죄를 증언하고 개는 인간을 변호한다. 이 기묘한 재판의 결과는?

물범 사냥
(노르웨이국제문학협회 번역 지원 선정)

북극해로 떠나는 물범 사냥 어선에 감독관으로 승선한 마리는 낯선 남자들과 6주를 보내야 한다. 남성과 여성, 인간과 동물, 세상이 평등하다고 믿는 사람들에게 펼쳐 보이는 세상.

인간과 동물, 유대와 배신의 탄생
(환경부 선정 우수환경도서)

미국 최대의 동물보호단체 휴메인소사이어티 대표가 쓴 21세기 동물해방의 새로운 지침서. 농장동물, 산업화된 반려동물 산업, 실험동물, 야생동물 복원에 대한 허위 등 현대의 모든 동물학대에 대해 다루고 있다.

고등학생의 국내 동물원 평가 보고서
(환경부 선정 우수환경도서)

인간이 만든 '도시의 야생동물 서식지' 동물원에서는 무슨 일이 일어나고 있나? 국내 9개 주요 동물원이 종보전, 동물복지 등 현대 동물원의 역할을 제대로 하고 있는지 평가했다.

후쿠시마에 남겨진 동물들
(미래창조과학부 선정 우수과학도서, 환경부 선정 우수환경도서, 환경정의 청소년 환경책 권장도서)

2011년 3월 11일. 대지진에 이은 원전 폭발로 사람들이 떠난 일본 후쿠시마. 다큐멘터리 사진작가가 담은 '죽음의 땅'에 남겨진 동물들의 슬픈 기록.

후쿠시마의 고양이
(한국어린이교육문화연구원 으뜸책)

2011년 동일본 대지진 이후 5년. 사람이 사라진 후쿠시마에서 살처분 명령이 내려진 동물들을 죽이지 않고 돌보고 있는 사람과 함께 사는 두 고양이의 모습을 담은 평화롭지만 슬픈 사진집.

대단한 돼지 에스더
(학교도서관저널 추천도서)

인간과 동물 사이의 사랑이 얼마나 많은 것을 변화시킬 수 있는지 알려 주는 놀라운 이야기. 300킬로그램의 돼지 덕분에 파티를 좋아하던 두 남자가 채식을 하고, 동물보호 활동가가 되는 놀랍고도 행복한 이야기.

채식하는 사자 리틀타이크
(아침독서 추천도서, 교육방송 EBS 〈지식채널e〉 방영)

육식동물인 사자 리틀타이크는 평생 피 냄새와 고기를 거부하고 채식 사자로 살며 개, 고양이, 양 등과 평화롭게 살았다. 종의 본능을 거부한 채식 사자의 9년간의 아름다운 삶의 기록.

유기동물에 관한 슬픈 보고서
(환경부 선정 우수환경 도서, 어린이도서연구회에서 뽑은 어린이·청소년 책, 한국간행물윤리위원회 좋은 책, 어린이문화진흥회 좋은 어린이책)
동물보호소에서 안락사를 기다리는 유기견, 유기묘의 모습을 사진으로 담았다. 인간에게 버려져 죽임을 당하는 그들의 모습을 통해 인간이 애써 외면하는 불편한 진실을 고발한다.

유기견 입양 교과서
보호소에 입소한 유기견은 안락사와 입양이라는 생사의 갈림길 앞에 선다. 이들에게 입양이라는 선물을 주기 위해 활동가, 봉사자, 임보자가 어떻게 교육하고 어떤 노력을 해야 하는지 차근차근 알려준다.

순종 개, 품종 고양이가 좋아요?
사람들은 예쁘고 귀여운 외모의 품종 개, 고양이를 좋아하지만 많은 품종 동물이 질병에 시달리다가 일찍 죽는다. 동물복지 수의사가 반려동물과 함께 건강하게 사는 법을 알려준다.

임신하면 왜 개, 고양이를 버릴까?
임신, 출산으로 반려동물을 버리는 나라는 한국이 유일하다. 세대 간 문화충돌, 무책임한 언론 등 임신, 육아로 반려동물을 버리는 사회현상에 대한 분석과 안전하게 임신, 육아 기간을 보내는 생활법을 소개한다.

버려진 개들의 언덕 (학교도서관저널 추천 도서)
인간에 의해 버려져서 동네 언덕에서 살게 된 개들의 이야기. 새끼를 낳아 키우고, 사람들에게 학대를 당하고, 유기견 추격대에 쫓기면서도 치열하게 살아가는 생명들의 2년간의 관찰기.

개가 행복해지는 긍정교육
개의 심리와 행동학을 바탕으로 한 긍정교육법으로 50만 부 이상 판매된 반려인의 필독서. 짖기, 물기, 대소변 가리기, 분리불안 등의 문제를 평화롭게 해결한다.

유기견 입양 교과서
보호소에 입소한 유기견은 안락사와 입양이라는 생사의 갈림길 앞에 선다. 이들에게 입양이라는 선물을 주기 위해 활동가, 봉사자, 임보자가 어떻게 교육하고 어떤 노력을 해야 하는지를 차근차근 알려 준다.

개, 고양이 사료의 진실
미국에서 스테디셀러를 기록하고 있는 책으로 반려동물 사료에 대한 알려지지 않은 진실을 폭로한다. 2007년도 멜라민 사료 파동 취재까지 포함된 최신판이다.

개·고양이 자연주의 육아백과
세계적인 홀리스틱 수의사 피케른의 개와 고양이를 위한 자연주의 육아백과. 40만 부 이상 팔린 베스트셀러로 반려인, 수의사의 필독서. 최상의 식단, 올바른 생활습관, 암, 신장염, 피부병 등 각종 병에 대한 대처법도 자세히 수록되어 있다.

우리 아이가 아파요! 개·고양이 필수 건강 백과
새로운 예방접종 스케줄부터 우리나라 사정에 맞는 나이대별 흔한 질병의 증상·예방·치료·관리법, 나이 든 개, 고양이 돌보기까지 반려동물을 건강하게 키울 수 있는 필수 건강백서.

개 피부병의 모든 것
홀리스틱 수의사인 저자는 상업사료의 열악한 영양과 과도한 약물사용을 피부병 증가의 원인으로 꼽는다. 제대로 된 피부병 예방법과 치료법을 제시한다.

암 전문 수의사는 어떻게 암을 이겼나
암에 걸린 암 수술 전문 수의사가 동물 환자들을 통해 배운 질병과 삶의 기쁨에 관한 이야기가 유쾌하고 따뜻하게 펼쳐진다.

노견은 영원히 산다
퓰리처상을 수상한 글 작가와 사진 작가의 사진 에세이. 저마다 생애 최고의 마지막 나날을 보내는 노견들에게 보내는 찬사.

펫로스 반려동물의 죽음 (아마존닷컴 올해의 책)
동물 호스피스 활동가 리타 레이놀즈가 들려주는 반려동물의 죽음과 무지개다리 너머의 이야기. 펫로스(pet loss)란 반려동물을 잃은 반려인의 깊은 슬픔을 말한다.

우주식당에서 만나
(한국어린이교육문화연구원 으뜸책)
2010년 볼로냐 어린이도서전에서 올해의 일러스트레이터로 선정되었던 신현아 작가가 반려동물과 함께 사는 이야기를 네 편의 작품으로 묶었다.

강아지 천국
반려견과 이별한 이들을 위한 그림책. 들판을 뛰놀다 맛있는 것을 먹고 잠을 수 있는 곳에서 행복하게 지내면서 천국의 문 앞에서 사람 가족이 오기를 기다리는 무지개다리 너머 반려견의 이야기.

고양이 천국
(어린이도서연구회에서 뽑은 어린이·청소년 책)
고양이와 이별한 이들을 위한 그림책. 실컷 놀고 먹고, 자고 싶은 곳에서 잘 수 있는 곳. 그러다가 함께 살던 가족이 그리울 때면 잠시 다녀가는 고양이 천국의 모습을 그려냈다.

고양이 질병의 모든 것
40년간 3번의 개정판을 낸 고양이 질병 책의 바이블로 고양이가 건강할 때, 이상 증상을 보일 때, 아플 때 등 모든 순간에 곁에 두고 봐야 할 책이다. 질병의 예방과 관리, 증상과 징후, 치료법에 대한 모든 해답을 완벽하게 찾을 수 있다.

고양이 안전사고 예방 안내서
고양이는 여러 안전사고에 노출되며 이물질 섭취도 많다. 고양이의 생명을 위협하는 식품, 식물, 물건을 총정리했다.

깃털, 떠난 고양이에게 쓰는 편지
프랑스 작가 클로드 앙스가리가 먼저 떠난 고양이에게 보내는 편지. 한 마리 고양이의 삶과 죽음, 상실과 부재의 고통, 동물의 영혼에 대해서 써 내려간다.

동물과 이야기하는 여자
SBS〈TV 동물농장〉에 출연해 화제가 되었던 애니멀 커뮤니케이터 리디아 히비가 20년간 동물들과 나눈 감동의 이야기. 병으로 고통받는 개, 안락사를 원하는 고양이 등과 대화를 통해 문제를 해결한다.

인간과 개, 고양이의 관계심리학
함께 살면 개, 고양이와 반려인은 닮을까? 동물학대는 인간학대로 이어질까? 248가지 심리실험을 통해 알아보는 인간과 동물이 서로에게 미치는 영향에 관한 심리 해설서.

고양이 그림일기
(한국출판문화산업진흥원 읽을만한 책 선정)
장군이와 흰둥이. 두 고양이와 그림 그리는 한 인간의 일 년 치 그림일기. 종이 다른 개체가 서로의 삶의 방법을 존중하며 사는 잔잔하고 소소한 이야기.

고양이 임보일기
《고양이 그림일기》의 이새벽 작가가 새끼 고양이 다섯 마리를 구조해서 입양 보내기까지의 시끌벅적한 임보 이야기를 그림으로 그려냈다.

나비가 없는 세상
(어린이도서연구회에서 뽑은 어린이·청소년 책)
고양이 만화가 김은희 작가가 그려내는 한국 최고의 고양이 만화. 신디, 페르캉, 추새. 개성 강한 세 마리 고양이와 만화가의 달콤쌉싸래한 동거 이야기.

고양이는 언제나 고양이였다
고양이를 사랑하는 나라 터키의, 고양이를 사랑하는 글 작가와 그림 작가가 고양이에게 보내는 러브레터. 고양이를 통해 세상을 보는 사람들을 위한 아름다운 고양이 그림책이다.

개.똥.승.
(세종도서 문학나눔 선정)
어린이집의 교사이면서 백구 세 마리와 사는 스님이 지구에서 다른 생명체와 더불어 좋은 삶을 사는 방법. 모든 생명이 똑같이 소중하다는 진리를 유쾌하게 들려준다.

수술 실습견 쿵쿵따
수술 경험이 필요한 수의사들을 위해 수술대에 올랐던 개 쿵쿵따. 8년을 수술 실습으로, 10년을 행복한 반려견으로 산 이야기.

장애견 모리
(한국출판문화산업진흥원 중소출판사 우수콘텐츠 제작지원 선정, 학교도서관저널 이달의 책)
21살의 수의대생이 다리 셋인 장애견을 입양한 후 약자에 배려없는 세상을 마주한다.

개에게 인간은 친구일까?
인간에 의해 버려지고 착취당하고 고통받는 우리가 몰랐던 개 이야기. 다양한 방법으로 개를 구조하고 보살피는 사람들의 이야기가 그려진다.

책공장더불어 http://blog.naver.com/animalbook 페이스북 @animalbook4 인스타그램 @animalbook.modoo

사람을 돕는 개 (한국어린이교육문화연구원 으뜸책, 학교도서관저널 추천도서)
안내견, 청각장애인 도우미견 등 장애인을 돕는 도우미견과 인명구조견, 흰개미탐지견, 검역견 등 사람과 함께 맡은 역할을 해내는 특수견을 만나본다.

용산 개 방실이 (어린이도서연구회에서 뽑은 어린이·청소년 책, 평화박물관 평화책)
용산에도 반려견을 키우며 일상을 살아가던 이웃이 살고 있었다. 용산 참사로 아빠가 갑자기 떠난 뒤 24일간 음식을 거부하고 스스로 아빠를 따라간 반려견 방실이 이야기.

치료견 치로리
(어린이문화진흥회 좋은 어린이책)
비 오는 날 쓰레기장에 버려진 잡종개 치로리. 죽음 직전 구조된 치로리는 치료견이 되어 전신마비 환자를 일으키고, 은둔형 외톨이 소년을 치료하는 등 기적을 일으킨다.

똥으로 종이를 만드는 코끼리 아저씨
(환경부 선정 우수환경도서, 한국출판문화산업진흥원 청소년 권장도서, 서울시교육청 어린이도서관 여름방학 권장도서, 한국출판문화산업진흥원 청소년 북토큰 도서)
코끼리 똥으로 만든 재생종이 책. 코끼리 똥으로 종이와 책을 만들면서 사람과 코끼리가 평화롭게 살게 된 이야기를 코끼리 똥 종이에 그려냈다.

햄스터
햄스터를 사랑한 수의사가 쓴 햄스터 행복·건강 교과서. 습성, 건강관리, 건강식단 등 햄스터 돌보기 완벽 가이드.

어쩌다 햄스터
사랑스러운 햄스터와 초보 집사의 좌충우돌 동거 이야기를 그린 만화. 수의사가 들려주는 햄스터 건강 정보도 포함되어 있다.

토끼
토끼를 건강하고 행복하게 오래 키울 수 있도록 돕는 육아 지침서. 습성·식단·행동·감정·놀이·질병 등 모든 것을 담았다.

토끼 질병의 모든 것
토끼의 건강과 질병에 관한 모든 것, 질병의 예방과 관리, 증상, 치료법, 홈 케어까지 완벽한 해답을 담았다.

야생동물병원24시

초판 1쇄 펴냄 2013년 2월 20일
초판 10쇄 펴냄 2024년 4월 28일

지은이 전북대학교 수의과대학 야생동물의학실
그린이 김혜경
펴낸이 김보경
펴낸곳 책공장더불어

편 집 김보경
교 정 김수미
디자인 네거티브 H
인 쇄 정원문화인쇄

책공장더불어

주 소 서울시 종로구 혜화동 5-23
대표전화 (02)766-8406
이메일 animalbook@naver.com
홈페이지 http://blog.naver.com/animalbook
출판등록 2004년 8월 26일 제300-2004-143호

ⓒ 전북대학교 수의과대학 야생동물의학실
ISBN 978-89-97137-04-6 (03490)

이 책은 저작권법에 따라 보호받는 저작물이므로 무단 전재와 무단 복제를 금합니다.

*잘못된 책은 바꾸어 드립니다.
*값은 뒤표지에 있습니다.